VERÖFFENTLICHUNGEN DER FORSCHUNGSANSTALT
FÜR SCHIFFAHRT, WASSER- UND GRUNDBAU

Herausgegeben vom Direktor

Nr. 9

Wechselbeziehungen zwischen der Welle und dem strandnahen Unterwasserhang

Großmodellversuche und eine neue Anschauung über das Sandriffproblem

von

Dr.-Ing. R. Johnsen

AKADEMIE-VERLAG · BERLIN

1961

Von der Hochschule für Verkehrswesen Dresden
zur Erlangung der Würde eines Doktor-Ingenieurs genehmigte Dissertation

Erschienen im Akademie-Verlag GmbH, Berlin W 8, Leipziger Straße 3—4

Lizenz-Nr.: 202 · 100/546/61
Gesamtherstellung: VEB Druckerei „Thomas Müntzer" Bad Langensalza
Printed in Germany
Bestellnummer: 2058/9 ES 20 E 7 Preis: DM 36,—

INHALTSVERZEICHNIS

ÜBERSICHT ÜBER DIE BENUTZTEN BEZEICHNUNGEN

B = Länge des Wellenkammes
c = Laufgeschwindigkeit der Welle
d = Korndurchmesser des Sandes
D = Faktor, der den Einfluß der Wassertiefe auf die Wellenhöhe wiedergibt
g = Erdbeschleunigung
h = Wassertiefe unter dem Ruhewasserspiegel
H = Wellenhöhe
K = Refraktionskoeffizient
L = Wellenlänge
M
N = Parameter, definiert durch Formel (11a) und (12b) $n = \frac{1}{2}\left[1 + \frac{4\pi \cdot h/L}{\sinh 4\pi h/L}\right]$
t = die Zeit
u = horizontale Oszillationsgeschwindigkeit
$\bar{u}$ = mittlere horizontale Oszillationsgeschwindigkeit
v = vertikale Oszillationsgeschwindigkeit
x = Abszisse, gelegen in der ungestörten Wasseroberfläche
y = Tiefe unter der ungestörten Wasseroberfläche
z = Höhe über der Sohle

$U = \frac{u}{c}$ $W = \frac{v}{c}$ $X = \frac{x}{h}$ $Z = \frac{z}{h}$

α = horizontale Vollamplitude in der Tiefe y unter der ungestörten Wasseroberfläche
β = vertikale Vollamplitude in der Tiefe y unter der ungestörten Wasseroberfläche
γ = spezifisches Gewicht

$\gamma' = \frac{H}{h}$ $\delta = \frac{H}{L}$ = Wellensteilheit

τ = Dauer der Oszillationskomponente
T = Schwingungsdauer
Index 0 = Werte, bezogen auf tiefes Wasser
Index m = gemittelte Werte
Index g = Werte der Wellengruppe
Index p = positiv = Werte, die zum Wellenberg gehören = landwärts
Index n = negativ = Werte, die zum Wellental gehören = seewärts
Index b = Werte, bezogen auf den Brecher
Index max = maximal

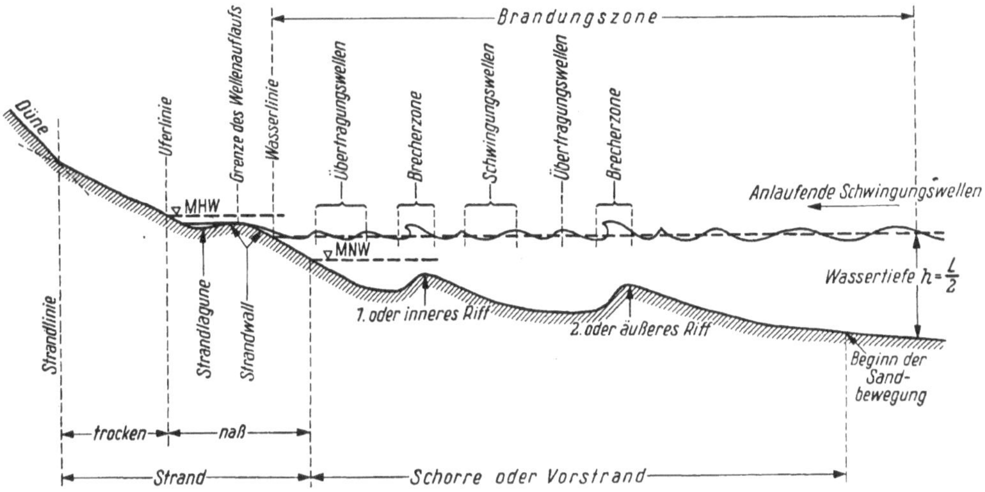

Abb. 1. Bezeichnungen im Strandgebiet

VORWORT

Vorliegende Arbeit stellt es sich zur Aufgabe, aus der Vielzahl der morphologischen Prozesse an der Küste das Phänomen der Riffbildung zu erörtern und mit Hilfe von Modellversuchen die Wechselbeziehungen zwischen der Welle und dem Relief des Unterwasserhanges zu erklären. Als Ziel der Arbeit schwebte vor, die Kenntnisse der Küstenprozesse, die nicht allein von wissenschaftlicher, sondern auch von großer volkswirtschaftlicher Bedeutung für den Küstenschutz, die Schiff-fahrt, die Fischerei und andere Volkswirtschaftszweige sind, zu erweitern, damit die Vorhersage des Verlaufs der Prozesse einmal möglich wird.

Kenntnisse über Küstenprozesse sind nicht allein durch die Methode der geologisch-geographischen Erforschungen, noch durch die der theoretisch-physikalischen Analyse zu erwarten, vielmehr kommt der experimentell-beobachtenden Arbeitsweise besondere Bedeutung zu, weil sie erlaubt, den zu untersuchenden Vorgang fast rein darzustellen und nach Belieben zu wiederholen.

Wechselseitige Beziehungen zwischen der Welle und dem Relief des Unterwasserhanges setzen sowohl aktives wie passives Verhalten der beteiligten Faktoren voraus. Die Trennung von Wirkung und Gegenwirkung war also unumgänglich, wenn die Forschungen zu einem Ziele führen sollten. Folglich gliedert sich die vorliegende Arbeit zwangsläufig einmal in die Untersuchung der Wirkung einer geradlinig geneigten Böschung auf die Eigenschaften der Wellen und zum anderen in die Beobachtung der Sinkstoffbewegung sowie der wechselseitigen Beziehungen zwischen der Welle und dem Relief des strandnahen Unterwasserhanges.

Die experimentellen Voraussetzungen zu dieser Arbeit wurden in der Versuchsanstalt Potsdam der Forschungsanstalt für Schiffahrt, Wasser- und Grundbau erarbeitet. Für die großzügige Unterstützung und Überlassung der Versuchsergebnisse bin ich dem Direktor der Forschungsanstalt, Herrn Dipl.-Ing. Omann, und dem inzwischen in Ruhestand getretenen Direktor der Forschungsanstalt, Herrn Obering. Zschiesche, sowie dem Leiter der Abt. Wasserbau und Schiffahrt, Herrn Dr.-Ing. Blau zu großem Dank verpflichtet. Ferner gilt mein besonderer Dank dem wissenschaftlichen Mitarbeiter der Forschungsanstalt, Herrn Ing. Schinke, und der technischen Laborantin, Frau Dornbusch, für ihre Anregungen und praktische Mitarbeit. Vor allem sei den Herren Prof. Dipl.-Ing. Hoffmann und Prof. Dr.-Ing. Reineke Dank gesagt für die Übernahme der Referate und für zahlreiche wertvolle Hinweise.

Dr.-Ing. Johnsen

1 Einleitung

Die zum Schutz unserer Küste wie zum Ausbau der Seewasserstraßen und Häfen durchgeführten Bauten haben nicht immer die gewünschte Wirkung gezeigt. Dieses teilweise Versagen der meist kostspieligen Bauten ist in erster Linie auf die nicht ausreichende Kenntnis der morphologischen Vorgänge im küstennahen Bereich zurückzuführen. Künftige Fehlplanungen sind also nur durch weitere intensive Erforschung der Vorgänge im Litoral zu vermeiden.

In letzter Zeit hat sich immer stärker die Erkenntnis durchgesetzt, daß im wesentlichen die durch die Welle hervorgerufene Bewegung des Wassers als eigentliche Ursache der winkelrecht zur Wasserlinie auftretenden Sinkstoffverlagerung anzusehen ist und dem Brandungsstrom in Verbindung mit dem Triftstrom lediglich bei der küstenparallelen Verlagerung des von der Welle gelösten Hangmaterials eine größere Bedeutung zukommt.

Obwohl eine größere Anzahl anerkannter Arbeiten über die Wechselbeziehung zwischen der Welle und dem strandnahen Unterwasserhang vorliegen, sind nur wenige Probleme des morphologischen Geschehens an der Küste als gelöst zu betrachten. Darum soll vorliegende Arbeit die Kenntnisse über die Vorgänge im Litoral so erweitern, daß es möglich wird, Entscheidungen über den Wert der geplanten Küstenbauten zu treffen.

2 Die Wirkung eines geradlinig geneigten, strandnahen Unterwasserhanges auf die Eigenschaften der Welle

2.1 Das Entstehen der Wellen

Das Entstehen der Wellen [6], [19], [29], [30] ist in erster Linie auf den Wind als erzeugende Kraft zurückzuführen. Der Luftstrom, der entweder gleichmäßig oder stoßweise über eine glatte Wasserfläche weht, wird durch den ständigen Kontakt mit der Wasserfläche in den unteren Schichten verzögert, während die oberen Wasserschichten von der Luftströmung mitgezogen werden. In den Grenzzonen der beiden Medien kommt es durch scherende Bewegungen zu innerer Reibung in Schichten parallel zur horizontalen Berührungsfläche. Mit der Dauer und Stärke der Windeinwirkung werden die Wasserpartikel stärker in Richtung des Windes verschoben, wobei die innere Reibung immer größere Beträge annimmt. Überschreiten diese Beträge eine bestimmte Grenze, wird der reibende Kontakt zwischen den Medien zerrissen und die Meeresoberfläche auf Grund der Schwerkraft wieder eingeebnet. Es entsteht so ein Feld von Reibungswellen, die durch weiteres Einwirken des Windes ständig wachsen. Reibungs- und Schwerkraft erzeugen letzthin eine rhythmisch wogende Bewegung der Wasserteilchen, deren Abstand sich voneinander vergrößert, verkleinert und verschiebt und deren Weg zu einer Orbitalbewegung verknüpft wird. Die Intensität der Teilchenbewegung nimmt mit der Entfernung von der Reibungsfläche ab.

Solange der Wind andauert, entstehen im Windfeld ständig neue Wellen-Luvflächen, die aber über lange Strecken nicht selbständig bleiben, sondern mit anderen Wellen verschmelzen, verschwinden und wieder neu entstehen. Trotz dieser Unregelmäßigkeit bildet sich nach und nach ein Wellenfeld aus, das gleichmäßigere und ständig größer werdende Wellenfronten, zeigt. Im ausgereiften Zustand hängen Wellenhöhe und -periode von der Windgeschwindigkeit, der Streichlänge und der Dauer des Windes ab.

Das Profil dieser Windwellen ist in Berg und Tal nicht gleich. Das Tal ist länger als der Berg, und der Wellenscheitel spitzt sich ein wenig zu. Zugleich hat die ganze, über dem Mittelniveau liegende Wassermasse eine Verlagerung in Windrichtung erhalten, so daß der vordere, dem Winde abgewandte Hang meist kürzer und steiler als der dem Winde zugewandte Hang ist.

Flaut der Wind nach einem Sturm ab, so bleiben die Wellen sich selbst überlassen, stehen zumindest in keinem Verhältnis zur herrschenden Windstärke. Die Windwellen werden zu Dünungswellen, deren Abmessungen durch die Größe der vorangegangenen Windwellen gegeben sind, wenn sie nicht mit anderen Abmessungen dem Sturmfelde schon unterlagert waren. Ihre Lebensdauer wird bestimmt von der induzierten Energie und der inneren Reibung des Wassers. Da die Bewegung der Wasserteilchen nun lediglich unter dem Einfluß der Schwerkraft und der inneren Reibung steht, büßt sie ständig an Energie ein und verringert im Gegensatz zur Windwelle ihre Abmessungen mit der Entfernung vom Ursprungsort, wobei gleichzeitig ihr Profil immer mehr einer Trochoide mit abgerundeter Spitze ähnlich wird.

Nach diesen Gesichtspunkten sind die Meereswellen in zwei große Kategorien zu trennen:

1. in die der unmittelbaren Windwirkung ausgesetzten, windgetriebenen Welle, der Windwelle und
2. in die der unmittelbaren Windwirkung entzogenen, windfreien Welle, der Dünungswelle.

Windwelle und Dünung können einander in mannigfacher Weise räumlich überlagern. Wenn eine rasch laufende Dünung von rückwärts in ein langsam fortschreitendes Sturmfeld mit eigenem Seegang hineinläuft, wird sie sofort zur Verstärkung des Seeganges beitragen. Die kürzeren, noch anwachsenden Windwellen werden Berge wie Täler der Dünung bedecken und undeutlich werden lassen. Entwickeln sich die Windwellen rasch genug, tritt sehr bald eine gewisse Verschmelzung beider Wellensysteme ein, die zur Ausbildung eines sehr hohen einheitlichen Seeganges führt. Im umgekehrten Fall, wenn über einem fortschreitenden Dünungsfeld ein Sturm erst entsteht, nehmen die Dünungswellen unter dem Einfluß des Windes sehr bald alle Eigenschaften der Windwellen an; es sei denn, die Dünung, die vom Sturm getroffen wird, hat schon ein flaches und langgestrecktes Profil; dann wird der Sturm auf der Oberfläche der langen Dünungswellen ein ganz selbständiges System neuer Wellen erzeugen.

Nähern sich die beschriebenen, über tiefem Wasser entstandenen Wellen als Wind- oder Dünungswellen der Küste, nehmen also die Wassertiefen ständig ab, tritt der Einfluß des Windes auf die Wellen gegenüber dem des Bodenreliefs in wachsendem Maße zurück. Die Welle wird zur Brandungswelle, die bei abnehmender Wassertiefe und wachsender Fühlungnahme mit der Sohle bedeutende Umbildungen fast all ihrer bisherigen Eigenschaften erfährt.

2.2 Eigenschaften der schwingenden Wellen

Schwingende Wellen entstehen demnach aus einer Störung des Gleichgewichtszustandes der Wassermassen und zeigen sich in Hebungen und Senkungen, die je nach Art der Einwirkungen von der Wasseroberfläche bis in tiefere Wasserschichten hineinreichen können. Hebungen und Senkungen beweisen das Vorhandensein kreisförmiger Schwingungen der einzelnen Wasserteilchen, und die zeitliche Aufeinanderfolge gleicher Schwingungszustände der Teilchen läßt die fortschreitende Erscheinung der Welle entstehen.

Die in der Störungsstelle dem Wasser übertragene Energie wandert als potentielle und kinetische Energie mit der Wellenerscheinung, und da jedes Teilchen an seinem Ort schwingt, findet ein Energietransport ohne Massentransport statt.

Abweichend von den Orbitalbewegungen um feste Punkte ergibt eine genauere Betrachtung, daß die Wasserpartikel beim Durchlaufen der kreisähnlichen Bahnen um kleine Wege in Richtung des Wellenfortschrittes versetzt werden, daß also neben dem Energietransport ein geringer Massentransport herrscht.

Die Geschwindigkeit, mit der die einzelnen Wasserteilchen ihre Bahnen durchlaufen, hängt von der Höhe, der Laufgeschwindigkeit und der Form der Wellen ab. Sie ist nur dann konstant, wenn die Wellenform z. B. einer Cosinuslinie gleicht, die Wasserteilchen also Kreisbahnen durchlaufen. Weicht das Wellenprofil von dieser Kurve ab, werden die Bahnen der Wasserpartikel zu Ellipsen und ihre Geschwindigkeit während eines Umlaufes ungleichförmig.

Eine auf die Küste zulaufende Welle, die bei abnehmenden Wassertiefen Fühlung mit der Seesohle nimmt, wird in den unteren Wasserschichten durch die Reibung zwischen Wasser und emporsteigendem Seegrund verzögert, während sie in den oberen Wasserschichten mit der ihr eigenen Geschwindigkeit weiterzulaufen sucht. Folglich verlangsamt sie ihre Laufgeschwindigkeit, und der Abstand zwischen den Wellenbergen, d. h. das Wellental, wird kürzer. Gleichzeitig tritt in Richtung der Wellenbewegung eine Verschiebung der Masse des Wellenberges ein, so daß der dem Lande zugewandte Hang steiler als der abgewandte Hang wird. Selbst die Wellenhöhen bleiben nicht konstant. Sie können kleiner wie auch größer werden. Lediglich die Wellenperiode behält ihren Wert bis zum Abklingen der Wellen am Strandwall bei.

Vom Beginn der Bodenberührung an deformieren die im Tiefwasser kreisförmigen Bahnen der Wasserteilchen zu Ellipsen, die immer flacher werden, je tiefer sie unter dem ruhenden Wasserspiegel liegen, bis unmittelbar an der Sohle nur noch eine horizontale Hin- und Herbewegung der Teilchen stattfindet.

Mit wachsendem Störzustand der Welle, d. h. mit abnehmender Wassertiefe nimmt die Geschwindigkeit der zum Wellenberg gehörenden Bewegung, deren Richtung mit positiv bezeichnet werden soll, gegenüber der des Tales, also der negativen, ständig zu. Die Dauer der positiven Komponente wird dagegen kleiner, während die der negativen Komponente entsprechend der Konstanz der Periode zunimmt. Dieses Geschehen steigert sich bis zum Brechpunkt, in dem die Geschwindigkeit der Wasserpartikel an der Oberfläche während der positiven Komponente den Wert der Laufgeschwindigkeit der Welle erreicht. Die Größe des Unterschiedes zwischen den Geschwindigkeiten der positiven und negativen Komponente ist also eine Funktion des Störzustandes der Welle und deren ursprünglichen Abmessungen über tiefem Wasser.

Da an der Oberfläche die Geschwindigkeitszunahme der Wasserpartikel während der positiven Oszillationskomponente größer ist als die Abnahme ihrer Dauer, dagegen die Geschwindigkeitszunahme der negativen Komponente kleiner ist als die Zunahme ihrer Dauer, die Wege der Wasserteilchen unter Wellenberg und -tal also verschieden lang werden, kann an der Oberfläche ein echter Wassertransport in Richtung der Wellenbewegung entstehen, der durch einen Aufstau vor der Wasserlinie und Rückstrom an der Sohle kompensiert werden muß.

Wird bei abnehmender Wassertiefe die Geschwindigkeit der Wasserteilchen größer als die Laufgeschwindigkeit der Welle, tritt ein Teil der die Wellenerscheinung bildenden Wassermasse aus und eilt der Welle voraus. Die Welle kann in verschiedenen Formen brechen;

als Schaum-, Sturz- und Schwallbrecher. Der Typ des Brechers wird durch das Relief der Seesohle bestimmt.

Nach dem Brecher bildet sich nach einer kurzen Übertragungsstrecke eine sekundäre Welle mit verkleinerten Dimensionen, die lediglich die Dauer der Periode von der ursprünglichen Tiefwasserwelle übernimmt. Bei entsprechender Höhe der Tiefwasserwelle kann der Wellenbruch während des Brandungsvorganges mehrmals eintreten.

Den Abschluß der Brandung bildet das Wechselspiel zwischen Schwall und Sog am Strandwall. Der Schwall überflutet einen gewissen Teil des Strandwalls, bis seine Geschwindigkeit, auf Null abgesunken ist. Der Sog führt die mit dem Schwall geführten Wassermassen mit wachsender Geschwindigkeit der See wieder zu.

Vom Punkt der Fühlungsnahme mit der Sohle an verringert sich die Schwingungsenergie durch Reibung zwischen Wasser und der Seesohle. Gleichfalls verengt sich mit kleiner werdender Wassertiefe der Raum, in dem die Welle frei schwingen kann, d. h. der Raum, der normalerweise bis etwa zu der Tiefe gleich der halben Wellenlänge hinabreicht, so daß die Wellenenergie mit kleiner werdendem Raum stetig konzentriert wird. Es entsteht so ein laufender Wechsel im Verhältnis zwischen Energieverlust durch Reibung und Energiezuwachs pro Raumeinheit durch Raumverengung, der sich im Verkleinern oder Anwachsen der Wellenhöhen äußert.

Ein größerer Verlust an Schwingungsenergie tritt erst in der Brecherzone ein. Die Größe des dort entstehenden Verlustes richtet sich nach der Art des Brechers, und zwar gibt der Schwallbrecher die Schwingungsenergie vollständig frei und verwandelt sie in echte Strömungsenergie. Der schäumende Brecher läßt örtlich nur wenig Energie frei, wandelt aber auf seiner langen Brecherstrecke relativ große Energiemengen um, so daß häufig sehr kleine Sekundärwellen aus ihm hervorgehen. Der Sturzbrecher gibt schlagartig eine größere Energiemenge ab, ist aber insgesamt weniger wirksam und läßt relativ große Sekundärwellen entstehen. Die restliche Schwingungsenergie läuft als Welle kleinerer Dimension auf den Strandwall zu, wo sie endgültig in Strömungsenergie umgewandelt wird.

2.3 Grundlagen der Wellentheorie

Der von zahlreichen Faktoren abhängende Naturvorgang der Wellenbewegung ist mathematisch schwer zu erfassen. Mehrere Theorien wurden entwickelt, die letzthin alle auf der Beobachtung basieren, daß die Wasserteilchen innerhalb der fortschreitenden, schwingenden Welle sowohl auf- und ab- als auch hin- und herbewegt werden.

Gerstner entwickelte als erster eine brauchbare allgemeine Theorie der schwingenden Welle. Nach dieser Theorie nimmt die Oberfläche der Welle die Form einer Trochoide an und verläuft die Bewegung der Wasserteilchen auf einer Kreisbahn, die geometrisch nach der Tiefe abnimmt, wie der Abstand von der Wasserfläche arithmetisch zunimmt [32], so daß praktisch in einer Tiefe gleich der halben Wellenlänge die Bewegung der Wasserteilchen erlischt. Da Gerstner bei der Aufstellung seiner Theorie den Zusammenhang zwischen Wassertiefe und Wellenbewegung unbeachtet läßt, gilt dieselbe nur für unbegrenzte Wassertiefen.

Für beliebige, doch stets konstante Wassertiefen schlug Airy [1] eine Theorie der wirbelfreien Seichtwasserwelle vor, nach der die Laufgeschwindigkeit der Welle über endlichen Tiefen nicht nur von der Wellenlänge, sondern auch von der Wassertiefe abhängig ist.

Stokes gab unter der Annahme einer cos- bzw. sin-förmigen Wellenoberfläche eine Näherungslösung für wirbelfreie Wellenbewegung über beliebiger Wassertiefe, die bei entsprechenden Grenzbedingungen zu denselben Ergebnissen der Theorie nach Gerstner führt. Seine Reihenentwicklungen zeigen die Abhängigkeit der Laufgeschwindigkeit von der Wellenhöhe, Wellenlänge und der Wassertiefe sowie die Tatsache, daß die Bahnen der Wasserteilchen nicht geschlossen, sondern spiralförmig sind, so daß ein echter Wassertransport in Richtung der Wellenbewegung stattfindet.

RAYLEIGH und REYNOLDS fanden, daß die Geschwindigkeit einer Wellengruppe wohl zu unterscheiden ist von der Geschwindigkeit einer einzelnen Welle, und STRUIK wie LEVI-CIVITA konnten nachweisen, daß die STOKESschen Reihen konvergent sind.

Ebenfalls für begrenzte Wassertiefen entwickelten RUSSELL, BOUSSINESQ, RAYLEIGH, McCOWAN u. a. die Theorie der Einzelwelle [8], [22], [40], die auf der Annahme einer einzelnen Welle unbegrenzter Länge basiert und deren Eigenschaften im Brandungsgebiet denen der Naturwellen am besten entsprechen sollen.

Die mathematische Entwicklung der Wellentheorien ist in den meisten Fachbüchern zu finden [21], [24], [27], [36], so daß auf eine Wiedergabe im Rahmen dieser Arbeit verzichtet werden kann. Lediglich diejenigen Ergebnisse der Theorien werden angeführt, die für die vorliegende Arbeit von Bedeutung sind.

Schwingende Wellen können durch bestimmte Wellenelemente gekennzeichnet werden. Die Länge L ist der kleinste Abstand zweier Wasserteilchen gleicher Phasen, z. B. von Wellenkamm zu Wellenkamm. Als Höhe H wird der vertikale Abstand zwischen Wellenkamm und Wellental bezeichnet. Die Schwingungsdauer oder Periode T ist der zeitliche Abstand gleicher Phasen zweier aufeinanderfolgender Wellen. Das Verhältnis der Höhe zur Länge $H/L = \delta$ wird mit Wellensteilheit benannt, und die Fortschrittsgeschwindigkeit c ist die Geschwindigkeit, mit der sich die Wellenerscheinung fortpflanzt.

Eines der bedeutendsten Ergebnisse der Theorie nach GERSTNER ist die Gesetzmäßigkeit für die Laufgeschwindigkeit der Welle über unbegrenzter Wassertiefe

$$c_0 = \sqrt{\frac{g \cdot L}{2\pi}} = \frac{g \cdot T}{2\pi} = 1{,}56\, T\,. \tag{1}$$

Da diese Formel nur Gültigkeit für Wassertiefen $h \geqq \frac{L}{2}$ hat, entwickelte AIRY [1] für die Laufgeschwindigkeit der Wellen in flachem Wasser die Formel:

$$c = \sqrt{\frac{g \cdot L}{2\pi} \tanh \frac{2\pi h}{L}}\,, \tag{2}$$

die im Bereich $L/25 \leqq h \leqq L/2$ anzuwenden ist, und für Wassertiefen $h \leqq L/25$ die Formel

$$c = \sqrt{g \cdot h}\,. \tag{3}$$

Die Längen der Wellen richten sich über flachem Wasser nach der abnehmenden Geschwindigkeit der Welle. Sie ändern sich nach dem Gesetz

$$L = L_0 \cdot \tanh \frac{2\pi h}{L}\,. \tag{4}$$

Nach dem Gesetz von RAYLEIGH schreitet die Wellengruppe mit der Geschwindigkeit

$$c_g = \frac{c}{2}\left[1 + \frac{4\pi \cdot h/L}{\sinh 4\pi\, h/L}\right] = c \cdot n \tag{5}$$

fort. Für Wellen im tiefen Wasser ist nach (5) $c_g = c/2$. Die Wellenzüge wandern also mit der halben Wellengeschwindigkeit, während die Wellenköpfe sich innerhalb der Gruppe mit der vollen Geschwindigkeit nach (2) fortbewegen. Bei Wellen im seichten Wasser wird der Faktor $n = 1$ und damit die Gruppengeschwindigkeit gleich der Geschwindigkeit einer einzelnen Welle.

Die Oszillationsgeschwindigkeit der Wasserpartikel ist in ihren horizontalen wie vertikalen Komponenten durch die nachfolgenden Ausdrücke erfaßt [21]:

Horizontale Komponente $u = \frac{\pi \alpha}{T} \sin 2 \pi \left(\frac{x}{L} - \frac{t}{T} \right)$, (6)

Vertikale Komponnete $v = \frac{\pi \beta}{T} \cos 2 \pi \left(\frac{x}{L} - \frac{t}{T} \right)$. (7)

Es bedeuten α und β die horizontalen bzw. vertikalen Vollamplituden in der Tiefe y unter der ungestörten Wasseroberfläche

$$\alpha = H \frac{\cosh 2 \pi (h - y)/L}{\sinh 2 \pi h/L}$$

$$\beta = H \frac{\sinh 2 \pi (h - y)/L}{\sinh 2 \pi h/L} .$$

Die Größe x ist eine Zwischenlage des Teilchens im Zeitzwischenraum t.

Die maximale horizontale Geschwindigkeit unter dem Wellenkamm wird, da $x = 0$ und $t = \pi/2$ gesetzt werden kann,

$$u = H \cdot \frac{\pi}{T} \cdot \frac{\cosh 2 \pi (h - y)/L}{\sinh 2 \pi h/L}, \tag{8}$$

und an der Sohle, da $y = h$

$$u = H \cdot \frac{\pi}{T} \cdot \frac{1}{\sinh 2 \pi h/L} . \tag{9}$$

Anhand der Einzelwellentheorie, also auf Grund eines einzelnen Wellenberges unter Vernachlässigung des Wellentales, gab Boussinesq die Laufgeschwindigkeit der Flachwasserwelle in der Form

$$c = \sqrt{g (h + H)} . \tag{10}$$

Diese Formel ist verschiedentlich geändert worden, aber die Werte der geänderten Fassungen weichen nur geringfügig von den Werten der Formel (10) ab.

Ebenfalls aus der Einzelwellentheorie bestimmte McCowan die horizontale Partikelgeschwindigkeitskomponente zu

$$u = C \cdot N \frac{1 + \cos M Z \cosh M X}{(\cos M Z + \cosh M X)^2} \tag{11}$$

und die vertikale Geschwindigkeitskomponente zu

$$v = c \cdot N \frac{\sin M Z \sinh M X}{(\cos M Z + \cosh M X)^2} . \tag{12}$$

In diesen Gleichungen werden M und N als Funktion des Verhältnisses $\gamma' = \frac{H}{h}$ definiert und durch die Gleichungen

$$\gamma' = \frac{N}{M} \tan^{1/2} [M (1 + \gamma)] \tag{12a}$$

und

$$N = 2/3 \sin^2[M (1 + 2/3 \gamma)] \tag{12b}$$

erklärt. Die Geschwindigkeit der Teilchen unter dem Wellenkamm wird, da $X = x/h = 0$ und $W = v/c = 0$,

$$u = c \cdot N \frac{1 + \cos M Z}{(\cos M Z + 1)^2} \tag{13}$$

und an der Sohle bei $Z = z/h = 0$ und $W = 0$

$$u = c \cdot N \frac{1}{1 + \cosh M X} . \tag{14}$$

Für die Einzelwelle von höchster Steilheit wird ein anderer Ausdruck benötigt

$$\frac{u}{c} = 1 - 0{,}8\,(1{,}78 - Z)^{1/2} - 0{,}067\,(1{,}78 - Z)^{3/2} .$$

Die Lösung der Gleichungen ist nur durch Annäherung möglich und von MUNK gegeben worden.

Die Änderung der Wellenhöhen wird durch verschiedene Theorien wiedergegeben, die sich z. T. in der Voraussetzung unterscheiden. So gingen MUNK und TRAYLOR [39] in ihrer Refraktionstheorie von der Beobachtung aus, daß die Wellenhöhen bei stetig abnehmender Wassertiefe zunächst kleiner werden und von einer bestimmten Wassertiefe an wieder anwachsen. Sie gaben für die Änderung der Wellenhöhen die Formel

$$H = H_0 \cdot \sqrt{\frac{c_{0g}}{c_g}} \cdot \sqrt{\frac{B_0}{B}} \tag{15}$$

an, in der

$$\sqrt{\frac{c_{0g}}{c_g}} = D = \sqrt{\frac{n_0 \cdot c_0}{n \cdot c}}$$

der Faktor ist, der die Wassertiefen, und

$$\sqrt{\frac{B_0}{B}} = K = \sqrt[4]{\cos^2 \alpha_0 / 1 - \frac{c}{c_0} \cdot \sin \alpha_0)^2}$$

der Faktor ist, der die Änderung der Wellenkammlängen bei schräganlaufender Welle berücksichtigt.

VOLLBRECHT [51] dagegen ging von der Annahme aus, daß die Wellenenergie bei winkelrechtem Auflauf der Wellen keine wesentliche Abnahme erfährt und darum eine laufend wachsende Zunahme der Wellenhöhen bis zum Brechpunkt eintreten muß. In seiner sich an MUNK und TRAYLOR anlehnenden Formel

$$H = H_0 \cdot \sqrt{\frac{c_0}{c}} \cdot \sqrt{\frac{B_0}{B}} \tag{16}$$

wird lediglich der Faktor verändert, der den Einfluß der Wassertiefen berücksichtigt.

Aus der Einzelwellentheorie bestimmte MUNK [40] die Höhe der brechenden Welle zu

$$H_B = H_0 \cdot \frac{1}{3{,}33 \cdot \sqrt[3]{H_0/L_0}} \cdot \sqrt[3]{\frac{B_0}{B}} . \tag{17}$$

Der Wassertiefe, in der die Welle bricht, wird häufig ein konstanter Wert zugeschrieben, der zwischen den Werten $H_b \leqq h_b \leqq 2\,H_b$ liegt.

Nach MINIKIN [38] $h_b = H$.

Nach Untersuchungen des Beach Erosion Board [31]

$h_b = 1{,}28\,H_b$ für Dünungswellen

$h_b = 1{,}72\,H_b$ für Sturmwellen.

Nach Mitteilung der Hannoverschen Versuchsanstalt für Grundbau und Wasserbau [32]

$$h_b = 1{,}3\,H .$$

2.4 Modellversuche

2.41 Aufbau der Versuchsanlage

Den Untersuchungen der Welleneigenschaften stand ein 70 m langer, 3 m breiter und 1,45 m tiefer Wellentank der Versuchsanstalt Potsdam der Forschungsanstalt für Schiffahrt, Wasser- und Grundbau, Berlin, zur Verfügung (Abb. 2).

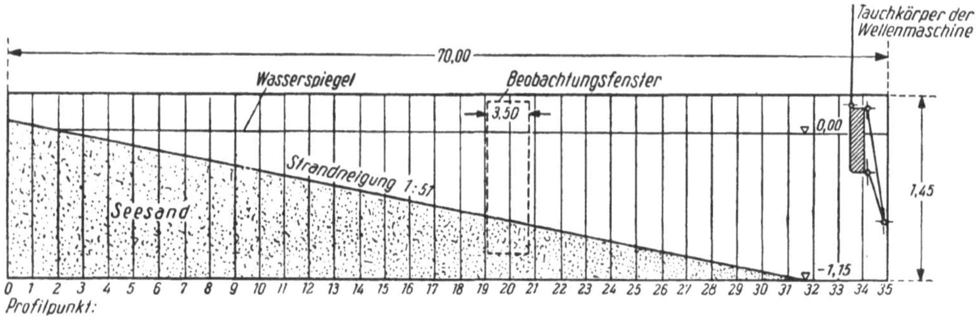

Abb. 2. Längsschnitt durch den Wellentank

Abb. 3. Der Wellenerzeuger

Die Wellenmaschine bestand im wesentlichen aus einem Tauchkörper, der einen Querschnitt von 1,20 × 0,40 m aufwies. und an Kurbelarmen auf- und abbewegt werden konnte. Ein verstellbarer Exzenter, durch den die Kurbelarme mit der Antriebswelle verbunden waren, ermöglichte das Verändern der Wellenhöhen und eine LEONARDschaltung das Verändern der Wellenlängen (Abb. 3).

Die erzeugten Wellen liefen von der Wellenmaschine aus auf eine Sandböschung auf, deren Neigung 1:51 betrug. Die Höhenlage der Sandböschung war bei der angegebenen Wassertiefe so gewählt, daß einerseits die von der Wellenmaschine kommenden Wellen eine kurze Anlaufstrecke hatten, andererseits die auflaufenden Wellen sich restlos aufzehrten (Abb. 4).

In der Mitte des Wellentankes befand sich ein Beobachtungsfenster von 3,5 m Breite, durch das die Vorgänge in der Welle sowie die Wirkung der Welle auf die Sohle beobachtet werden konnten (Abb. 5 und 6).

Abb. 4. Blick auf den Wellentank

Abb. 5.
Positive Oszillations-Komponente der Orbitalbewegung bei bodengestörter Welle

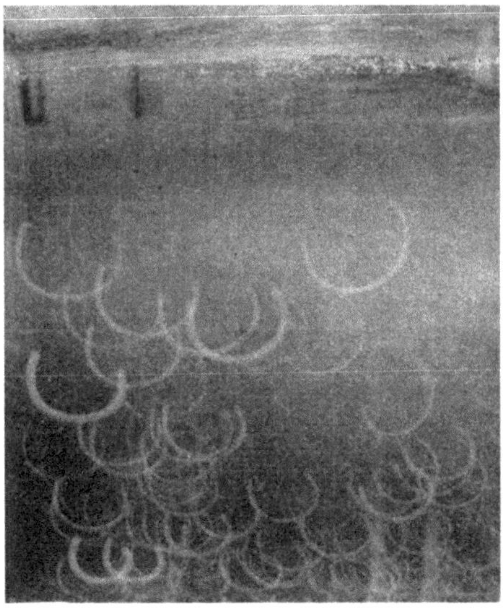

Abb. 6.
Negative Oszillations-Komponente der Orbitalbewegung bei bodengestörter Welle

2.42 Modellmaßstab und Wellenabmessungen

Modellversuche über den Sandtransport durch Wellen sind streng genommen nicht erlaubt, weil die Modellgesetze von FROUDE und REYNOLDS nicht zu vereinigen sind [16], [46]. Dennoch hat die Erfahrung [54] gelehrt, daß Modellergebnisse dann auf die Natur zu übertragen sind, sobald sich die Vorgänge so ausbilden wie sie in der vorliegenden Arbeit beschrieben werden und der Beginn der Sandbewegung unter der Welleneinwirkung wie die Brecherlinie in maßstäblich gleichen Wassertiefen liegen.

Bei den Untersuchungen war die Wahl des Modellmaßstabes nicht notwendig, da die Wellenabmessungen so groß gewählt wurden, daß sie als Naturwellen anzusehen waren und der Maßstab demnach 1:1 betrug. Die Modellergebnisse konnten also ohne weiteres auf die Naturverhältnisse übertragen werden. Allerdings hatten die erzeugten Wellen lediglich die Form und Eigenschaften der Dünungswelle. Nachstehende Wellen wurden untersucht:

Welle Nr.	Höhe H_0 cm	Länge L_0 m	Steilheit H_0/L_0
1	21,90	7,08	1:32,4 = 0,031
2	29,00	5,00	1:17,2 = 0,058
3	16,80	4,56	1:27,1 = 0,037
4	12,05	3,31	1:27,7 = 0,036
5	11,35	2,70	1:23,8 = 0,042

2.43 Material des Modellhanges

Den eigentlichen Messungen und Beobachtungen ging die Auswahl des zu verwendenden Hangmaterials voraus. Es zeigte sich, daß bei Verwendung spezifisch leichterer Stoffe, z. B. Braunkohlengrus, das Relief des Unterwasserhanges nicht naturgetreu ausgebildet wurde. Auch relativ grober Quarzsand mit einem mittleren Korndurchmesser von $d_m = 0{,}24$ mm ließ nur undeutlich Konturen entstehen. Als Modellsand wurde deshalb ein feiner Seesand gewählt, der ein spezifisches Gewicht von 2,64 t/m³ und einen mittleren Korndurchmesser von $d_m = 0{,}16$ mm aufwies. Unter Verwendung dieses Sandes entstand bei Welleneinwirkung ein deutliches und klares Hangrelief. Vor jedem Versuch erhielt der Sand durch Abstampfen und Aufspülen eine besonders feste Lagerung.

2.44 Messen der Laufgeschwindigkeit der Welle und der Wellenhöhen

Zur Bestimmung der Wellengeschwindigkeit dienten elektrische Tauchpegel, die aus zwei in das Wasser eintauchenden Drähten als Elektroden bestanden. Ein Schleifenoszillograph registrierte die Widerstandsänderung, die mit der Wasserstandsänderung am Tauchpegel auftritt. (Abb. 7) Die Tauchpegel wie die nachfolgend beschriebenen Meßinstrumente konnten mit Hilfe eines Meßwagens horizontal verschoben werden, so daß jeder Punkt des Wellentankes leicht zu erreichen war.

Für die Geschwindigkeitsmessung fanden zwei in der Längsrichtung des Wellentankes in bekanntem Abstand hintereinander angeordnete Tauchpegel Verwendung (Abb. 8). Die an beiden Pegeln von den vorbeilaufenden Wellen hervorgerufenen Widerstandsänderungen registrierte der Oszillograph gleichzeitig, so daß aus dem Oszillogramm mit Hilfe der Zeitmarke die zeitliche Aufeinanderfolge gleicher Wellenphasen bei dem bekannten Pegelabstand ersichtlich war. An jedem Meßpunkt wurde für fünf aufeinanderfolgende Wellen die Geschwindigkeit c ermittelt und in der zeichnerischen Darstellung auf den Anlagen 1—5 in Beziehung zur Wassertiefe gesetzt. Da die c-Werte der einzelnen Wellentypen schwankten, erschien es zweckmäßig, Mittelwerte c_m zu bilden, die auf den Anlagen als Kurven eingezeichnet sind. Diese Mittelwerte c_m fanden bei den Vergleichsrechnungen Verwendung.

Für die Messung der Wellenhöhen wurden 3 Tauchpegel aufgestellt, die in kurzer Zeit ein dichtes Netz von Meßpunkten ermöglichten. Wie bei der Geschwindigkeitsmessung wurden an jedem Pegel jeweils fünf aufeinanderfolgende Wellen oszillographisch registriert und aus den fünf Wellenhöhenwerten H der Mittelwert H_m gebildet.

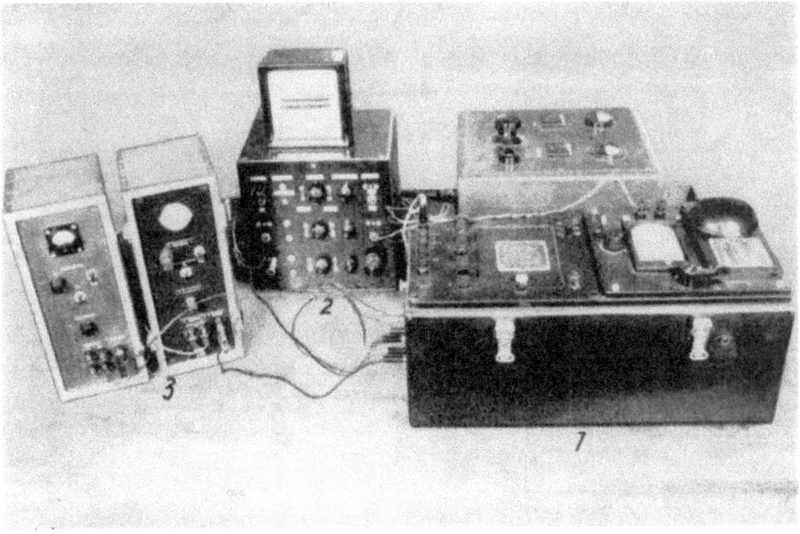

Abb. 7. (1) Oszillograph, (2) Pegelverstärker, (3) Kompensationsverstärker für Mikroflügel

Abb. 8. Tauchpegel

2.45 Messen der Perioden und Bestimmen der Wellenlängen

Aus den Oszillogrammen der Wellenhöhenmessung konnte anhand der Zeitmarken die Schwingungsdauer T bestimmt und in Verbindung mit der Wellengeschwindigkeit c_m die Längen L_m der Wellen in Abhängigkeit von der Wassertiefe errechnet werden.

Zur Beurteilung der Formeln (15) und (16) mußten die Längen L_m und die Höhen H_m der im Flachwasser erzeugten Modellwellen auf die entsprechenden Tiefwasserwerte umgerechnet werden. Die Theorie sagt:

$$L_0 = \frac{L}{\tanh \frac{2\pi h}{L}} .$$

Zur Ermittlung der Wellenhöhen über tiefem Wasser stand einmal die Formel

$$H_0 = \frac{H}{\sqrt{\tanh \frac{2\pi h}{L}}}, \tag{18}$$

zum anderen die Formel

$$H = H_0 \sqrt{\frac{n_0 \cdot c_0}{n \cdot c}} \tag{19}$$

zur Verfügung. Bei diesen Umrechnungen wurden die Werte L_m und H_m an einem Punkte gemessen, der für alle Wellen die gleiche Wassertiefe h unter dem ungestörten Wasserspiegel hatte. Die Entfernung des Punktes vom Wellenerzeuger war so groß gewählt, daß ein Einfluß des Wellenerzeugers ausgeschaltet war.

2.46 Messen der Oszillationsgeschwindigkeit

Das Messen der horizontalen Geschwindigkeiten der Oszillationskomponenten erfolgte nach dem von Blau [3, 4] entwickelten und beschriebenen Verfahren der Mikroflügel (Abb. 9 und 10).

Zur Erfassung der positiven wie negativen Komponenten wurden zwei Mikroflügel, die gegeneinander um 180° versetzt und mit Sperrvorrichtungen versehen waren, verwendet. Die von den Flügeln während der Umdrehungen durch Unterbrechung eines Stromkreises hervorgerufenen Stromänderungen registrierte ein Oszillograph. Der Kontaktabstand auf dem Oszillogramm war ein Maß für die Größe der Geschwindigkeit. Gleichzeitig registriert wurden Wellenprofil und eine Zeitmarke. Der vertikale Abstand zwischen den Punkten bzw. zwischen Sohle und dem tiefsten Meßpunkt betrug 5,0 cm. In jedem Meßpunkt wurden bei 3 bis 4 aufeinanderfolgenden Wellen die Oszillationsgeschwindigkeiten registriert und dem

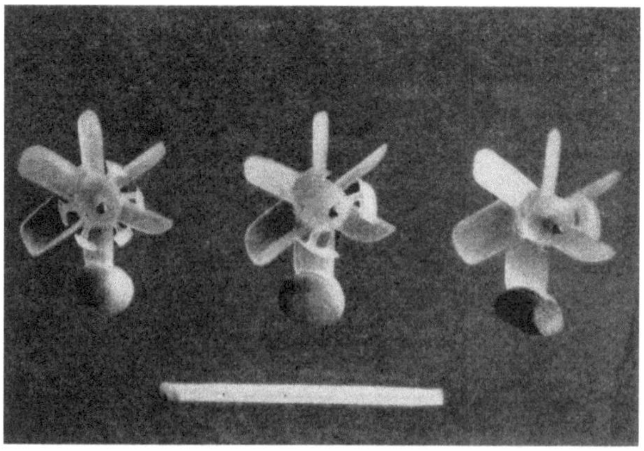

Abb. 9.
Mikroflügel mit abweichender Unterbrecherzahl (6, 3, 1)

Oszillogramm die maximalen Höchstwerte der positiven wie negativen Richtung entnommen. Eine Kontrollmessung ergab gute Übereinstimmung beider Messungen. Sämtliche Messungen fanden bei unverformter Sohle statt.

Abb. 10. Doppelmikroflügel

Die so erhaltenen maximalen Oszillationsgeschwindigkeitswerte $u_{p\ max}$ und $u_{n\ max}$ in der Nähe der Sohle sind für die Wellen 1 bis 5 auf den Abb. 21—25 in Beziehung zur Wassertiefe gesetzt. Aus den Auftragungen ergaben sich die mittleren maximalen Oszillationsgeschwindigkeiten $\bar{u}_{p\ max}$ und $\bar{u}_{n\ max}$. Den Oszillogrammen der Geschwindigkeitsmessungen waren zudem die anteiligen Zeiten τ der positiven und negativen Geschwindigkeitskomponenten an der Schwingungsdauer T der Welle zu entnehmen. Die Werte der maximalen Geschwindigkeiten der positiven wie negativen Oszillationskomponente längs der Vertikalen sind in den Anlagen 21—25 in Beziehung zur Wassertiefe gesetzt.

2.47 Ergebnisse der Modellversuche

Die Versuche sollten einmal das Verhalten der Wellen unterschiedlicher Größen und Typen während des Auflaufens auf eine geradlinige Böschung klären, zum anderen Rückschlüsse über die Bedeutung von Geschwindigkeit, Höhe, Länge und Steilheit der Welle auf die Sinkstoffbewegung zulassen.

2.47.1 *Laufgeschwindigkeit*

Es unterlag von vornherein keinem Zweifel, daß die Laufgeschwindigkeit der Welle mit abnehmender Wassertiefe kleiner werden mußte. Die Höhe der Geschwindigkeit und ihre Verzögerung lagen aber nicht eindeutig fest, zumal die theoretischen Fassungen sehr abweichende Ergebnisse zeigten. Nach dem auf den Abb. 11—15 durchgeführten Vergleich zwischen den gemessenen und den nach Formeln (2), (3) und (10) errechneten Werten gibt die Formel (2) die Laufgeschwindigkeit in befriedigender Weise wieder. Es wird gleichzeitig mit dieser Feststellung bestätigt, daß die Laufgeschwindigkeit einer Welle im Brandungsgebiet im wesentlichen durch ihre Länge und die Wassertiefe, nicht von der Wellenhöhe bestimmt wird. Dem Wellentyp ist also nur eine untergeordnete Bedeutung beizumessen.

Demgegenüber gibt die Formel (10) der Einzelwellentheorie für die Laufgeschwindigkeit der Welle so hohe und von den Meßwerten so abweichende Werte an, daß von einer Annäherung nicht mehr gesprochen werden kann. Sicherlich nähern sich theoretische und Meßwerte mit abnehmender Wassertiefe, doch liegen am Brechpunkt die Werte der Theorie im Durchschnitt um das 1,2 fache höher als die gemessenen Werte.

Die Formeln der Einzelwellentheorie scheinen zur Wiedergabe der Laufgeschwindigkeit einer Dünungswelle im Flachwassergebiet nicht geeignet zu sein. Folglich sind sämtliche Formeln der Einzelwellentheorie, in denen die Laufgeschwindigkeit angezogen wird, nur mit Vorsicht anzuwenden.

Keine der fünf untersuchten periodischen Wellen wurde bis zum Brechpunkt in eine Einzelwelle umgeformt. Allerdings nimmt die schwingende Welle mit abnehmender Wassertiefe immer mehr die Eigenschaften der Einzelwelle an, doch überwiegen bis kurz vor dem Brechpunkt die Eigenschaften der schwingenden Welle mit ausgebildeten Oszillationskomponenten und unbedeutendem Wassertransport. Erst zwischen Brechpunkt und Wasserlinie herrschen in der Übertragungswelle die Merkmale der Einzelwelle mit ausgeprägter positiver Oszillationskomponente und regem Wassertransport vor. Es liegt also kein Anlaß vor, die Einzelwellentheorie als die bessere Theorie der brandenden Welle, zumindest der brandenden Dünungswelle, anzusehen.

2.47.2 *Periode und Wellenlänge*

Als weiteres Ergebnis kann gewertet werden, daß bei den fünf beobachteten Wellen, die sich durch Höhe und Steilheit unterschieden, ein wesentliches Abweichen der Periodenwerte der Flachwasserwellen von den Werten der Perioden der Tiefwasserwellen nicht zu erkennen

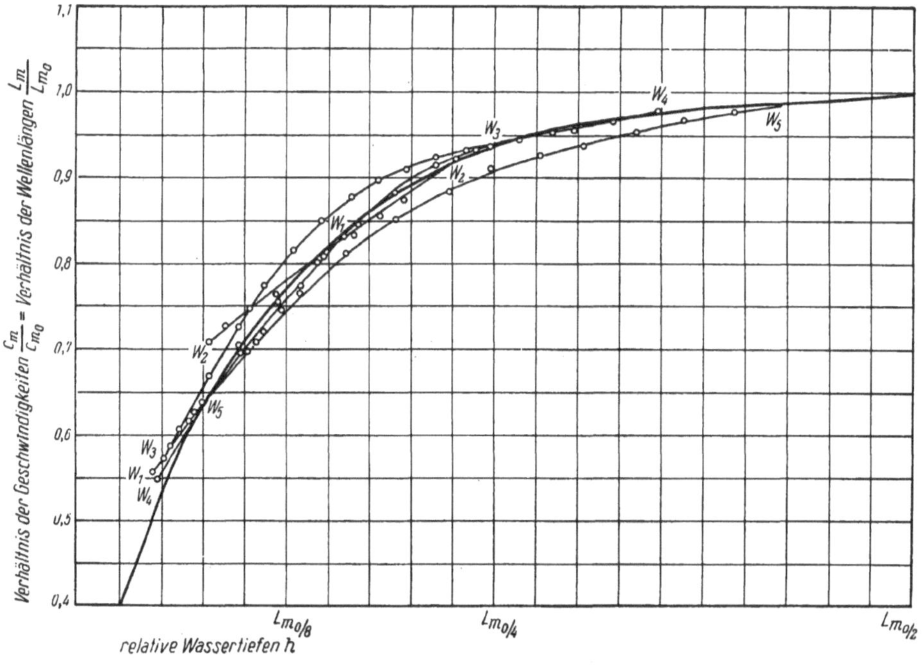

Abb. 16. Änderung des Verhältnisses der Wellengeschwindigkeiten $\frac{c_m}{c_{m_0}}$ oder der Wellenlängen $\frac{L_m}{L_{m_0}}$ bei stetig abnehmenden Wassertiefen

Strandneigung 1:51

——— $\frac{c}{c_0} = \frac{L}{L_0} = \tanh \frac{2\pi h}{L}$

——— Verhältnis der gemessenen Werte $\frac{c_m}{c_{m_0}} = \frac{L_m}{L_{m_0}}$

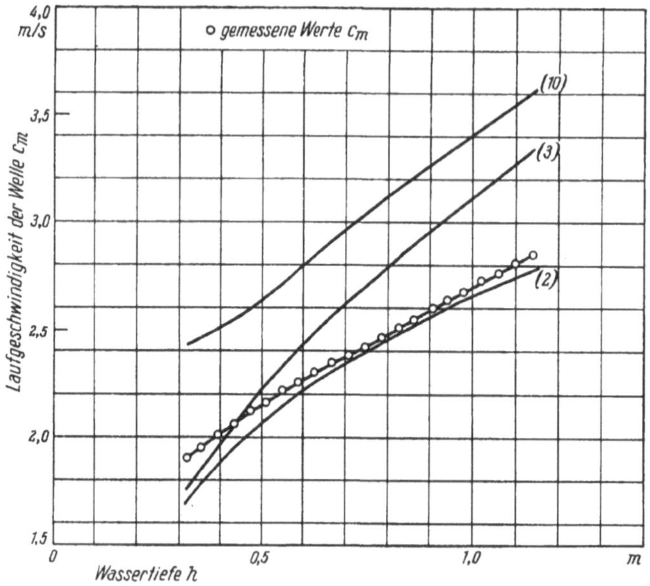

Abb. 11. Änderung der Wellengeschwindigkeit bei stetig abnehmender Wassertiefe

Welle: $H_{m_0} = 21{,}9$ cm

$L_{m_0} = 7{,}08$ m

Strandneigung 1:51

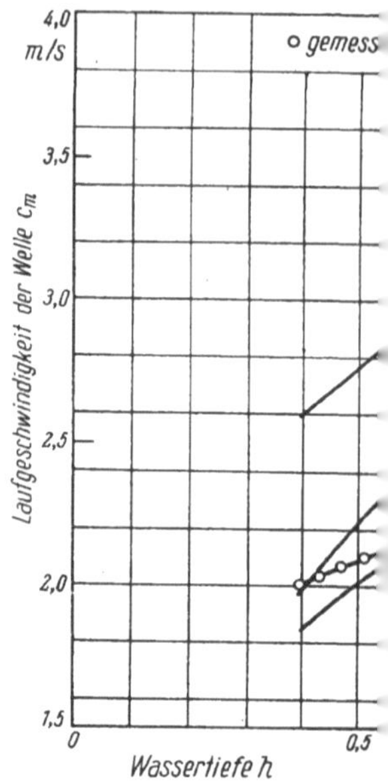

Abb. 12. Änderun

bei stetig s

Welle

Stranc

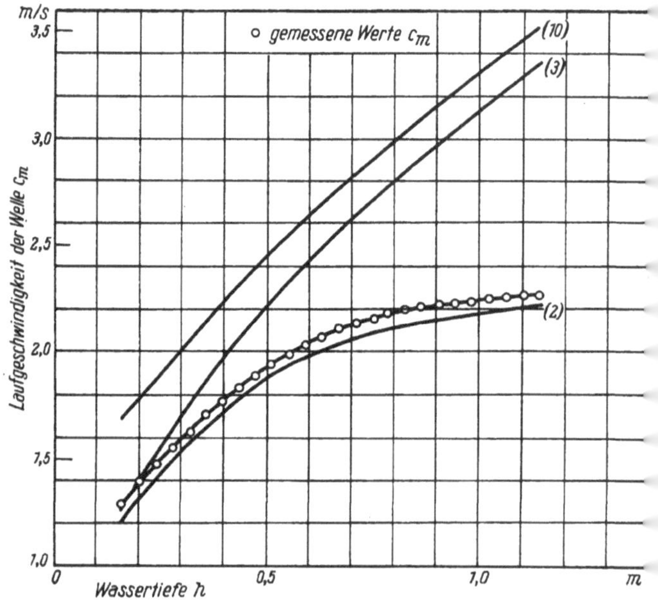

Abb. 14. Änderung der Wellengeschwindigkeit bei stetig abnehmender Wassertiefe

Welle: $H_{m_0} = 12{,}05$ cm

$L_{m_0} = 3{,}31$ m

Strandneigung 1:51

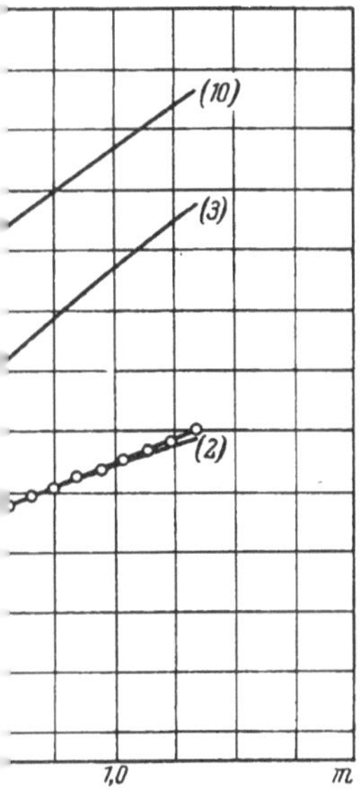

ıgeschwindigkeit
assertiefe
0 cm
00 m
51

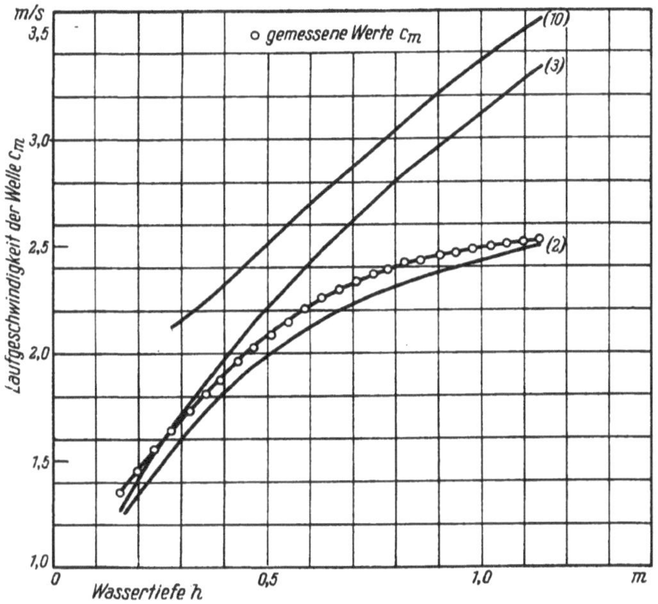

Abb. 13. Änderung der Wellengeschwindigkeit bei stetig abnehmender Wassertiefe

Welle: $H_{m_0} = 16{,}8$ cm

$L_{m_0} = 4{,}56$ m

Strandneigung 1:51

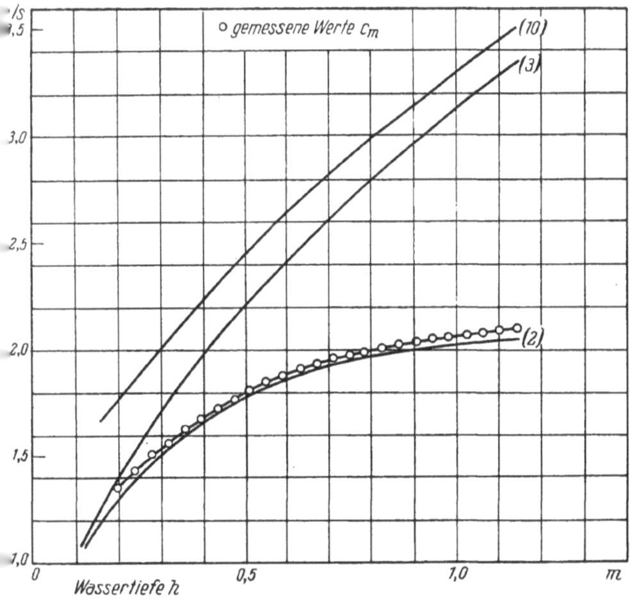

Abb. 15. Änderung der Wellengeschwindigkeit bei stetig abnehmender Wassertiefe

Welle: $H_{m_0} = 11{,}35$ cm

$L_{m_0} = 2{,}70$ m

Strandneigung 1:51

ist. Die Periodenwerte bleiben selbst nach dem Brechpunkt konstant. Da außerdem zwischen den gemessenen Geschwindigkeitswerten und den Werten der Formel (2) eine gute Übereinstimmung besteht, ist die Annäherung der beobachteten Wellenlängenänderungen an die Werte der Theorie ebenfalls befriedigend (Abb. 16).

2.47.3 *Wellenhöhen*

In besonderer Weise ändern sich die Höhen der anlaufenden Wellen. Unabhängig von Wellengröße und -typ steigt die Umhüllende der Wellentäler in größeren Wassertiefen schneller und in geringeren Wassertiefen langsamer an als die Umhüllende der Wellenkämme. Daraus folgt, daß die Wellenhöhen bis etwa zu der Wassertiefe, die etwa einem Sechstel der Wellenlänge entspricht, kleiner werden und bei noch geringeren Wassertiefen bis zum Brechpunkt wieder anwachsen. Es bestätigt sich also das anfängliche Verkleinern der auf einen geraden Strand auflaufenden Welle, eine Erscheinung, die mit den von Munk zitierten Beobachtungen übereinstimmt, und die nur daraus zu erklären ist, daß in größeren Wassertiefen die Energieverluste der Wellen durch Fühlungnahme mit der Sohle schneller wachsen als die Zunahme an Energie, die durch Verengung des Schwingungsraumes eintritt. Dagegen macht sich in geringeren Wassertiefen die Abnahme des Schwingungsraumes immer stärker fühlbar, so daß letzthin der Zuwachs an Energie überwiegt, der durch die Verengung des Schwingungsraumes eintritt und die Wellenhöhen wieder zunehmen. Variierend greift in dieses Geschehen bei festgehaltener Neigung des Unterwasserhanges der Wellentyp ein.

Da zu einem Vergleich zwischen den Meßwerten und den Werten der Formeln die Tiefwasserwellenhöhen der im Flachwasser erzeugten Modellwellen erforderlich waren, wurde die jeweilige Formel für die ersten Meßpunkte der Modellwellen als gültig vorausgesetzt und anhand der Formeln die Tiefwasserhöhen der Modellwellen ermittelt.

Die Gegenüberstellung der gemessenen Höhenwerte mit den Formelwerten der Refraktionstheorie von Munk und Traylor zeigt die Brauchbarkeit dieser Formel zumindest für senkrecht auflaufende Wellen (Abb. 17).

Es kann allerdings der Aussage der theoretischen Kurve, daß Wellen verschiedener Steilheit in gleichen relativen Wassertiefen gleiche prozentuale Zu- oder Abnahmen erfahren, nicht ganz zugestimmt werden, weil die verschiedenen Steilheiten der Wellen doch Abweichungen hervorrufen. So reagiert unter der Voraussetzung gleicher Wellenhöhen die kurze Welle weniger empfindlich als die lange Welle, weil sie erst in geringerer Wassertiefe die Sohle berührt. Wie aus der Abb. 17 zu ersehen ist, bleibt das Wellenverhältnis H_B/H_0 bei der Welle mit der Steilheit $1:17 < 1$, d. h., daß die steile Welle nach dem Abfall ihrer Höhe die Ausgangshöhe nicht mehr erreicht, während die lange Welle mit der Steilheit 1:32 im Brechpunkt ihre Tiefwasserhöhe weit überragt, das Verhältnis $\frac{H_B}{H_0}$ also > 1 wird. Daß die Meßwerte in der Nähe des Brechpunktes stärker von der theoretischen Kurve abweichen, war vorauszusehen, da letztere unter der Annahme einer nicht brechenden Welle entwickelt wurde. Die Abweichungen bleiben aber in Grenzen. Die Theorie wird durch die Versuche bestätigt.

Der Vergleich der gemessenen Höhenwerte mit den Formelwerten der geänderten Theorie nach Vollbrecht zeigt, daß theoretische und Meßwerte stark voneinander abweichen. Diese Formel gibt die Höhenänderung, zumindest die einer winkelrecht auflaufenden Welle, nicht befriedigend wieder (Abb. 18).

2.47.4 *Brecherhöhen und Brecherwassertiefen*

Die in Verbindung mit der Einzelwellentheorie für die Brecherhöhen von Munk entwickelte Formel setzt ein konstantes Verhältnis der Brecherwassertiefe zur Brecherhöhe voraus. Diese

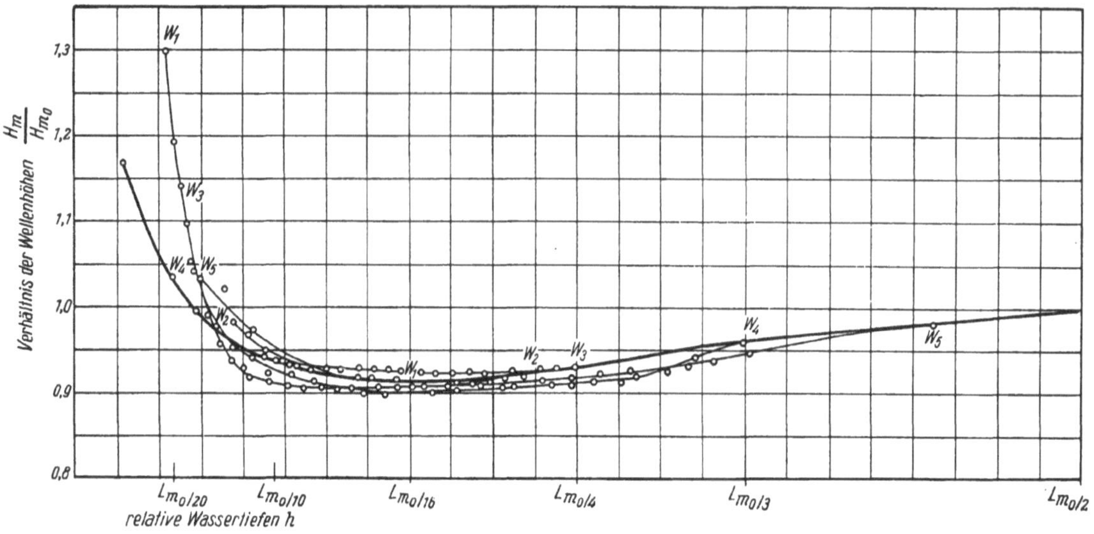

Abb. 17. Änderung des Verhältnisses der Wellenhöhen $\frac{H_m}{H_{m_0}}$ bei stetig abnehmender Wassertiefe

Strandneigung 1:51

——— Refraktionstheorie MUNK und TRAYLOR

——— gemessene Werte

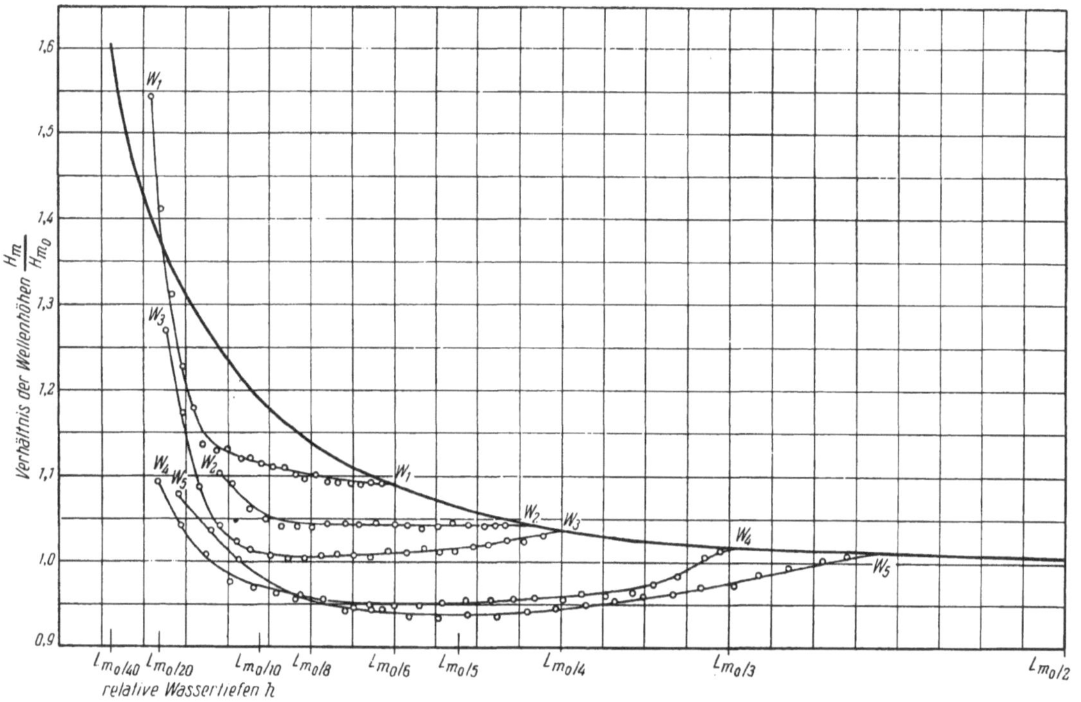

Abb. 18. Änderung des Verhältnisses der Wellenhöhen $\frac{H_m}{H_{m_0}}$ bei stetig abnehmender Wassertiefe

Strandneigung 1:51

——— Refraktionsformel VOLLBRECHT

——— gemessene Werte

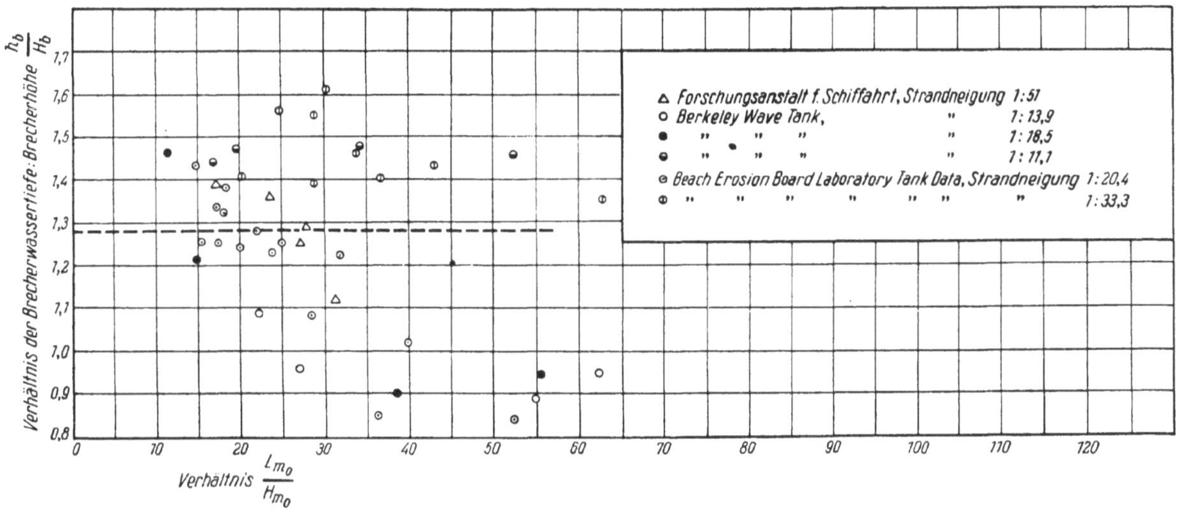

Abb. 19. Brecherwassertiefe/Brecherhöhe in Abhängigkeit von der Steilheit der Tiefwasserwelle

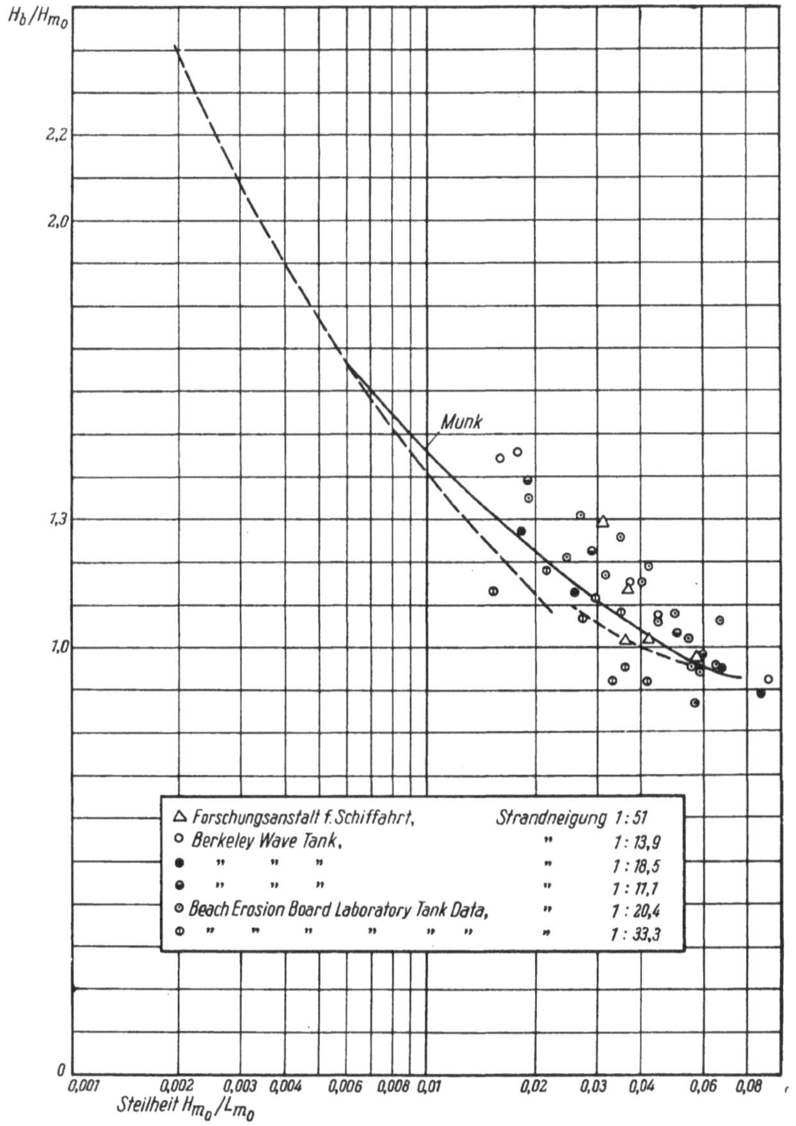

Abb. 20. Vergleich zwischen vorhergesagten und beobachteten Brecherhöhen

Voraussetzung, die aus der nichtdefinierten Wellenlänge zu erklären ist, bleibt ein unsicherer Faktor und berücksichtigt nicht, daß das Verhältnis doch weitgehend von der Steilheit der Tiefwasserwelle abhängt.

Aus den Beobachtungen der Forschungsanstalt und amerikanischer Institute geht hervor, daß das Verhältnis Brecherwassertiefe/Brecherhöhe bei Wellen größerer Steilheit einen größeren Wert annimmt als bei Wellen kleinerer Steilheit (Abb. 19). Es darf aber aus dieser Tatsache nicht gefolgert werden, daß von Wellen gleicher Tiefwasserhöhen die längere Welle in relativ zur Ausgangshöhe kleinerer Wassertiefe, also in geringerer Entfernung von der Wasserlinie bricht. Die längere Welle wächst zu wesentlich größerer Brecherhöhe an, so daß selbst bei gleicher Brecherwassertiefe der Wert Brecherwassertiefe/Brecherhöhe einen kleineren Wert annehmen muß. Es können also sehr wohl trotz unterschiedlicher Verhältnisse h_b/H_b die aus dem Tiefwasser anlaufenden Wellen gleicher Höhe, aber unterschiedlichen Typs in gleicher Wassertiefe brechen.

In seinem Diagramm, das zur Vorhersage von Brecherhöhen dient, und in dem das Verhältnis Brecherhöhe/Brecherwassertiefe in Beziehung zur Steilheit gesetzt ist, korrigierte Munk die aus seiner Formel entwickelte Kurve im Bereich $0{,}06 > H_0/L_0 > 0{,}006$. Mit der korrigierten Linie wird eine wesentlich bessere Übereinstimmung der beobachteten Werte mit den Kurvenwerten erreicht, so daß das Diagramm für die Vorhersage der Brecherhöhen geeignet erscheint (Abb. 20).

2.47.5 *Maximale Oszillationsgeschwindigkeit an der Sohle*

Äußerst wichtig zur Erklärung vieler Vorgänge auf dem strandnahen Unterwasserhang ist die Kenntnis der Größe der maximalen Geschwindigkeit der Wasserpartikel an der Sohle, die während der Dauer der positiven und negativen Oszillationskomponente auftritt. Auf den Abb. 21—25 sind die horizontal gerichteten Geschwindigkeitsspitzen beider Komponenten in Abhängigkeit von der Wassertiefe dargestellt. Die Auftragung läßt erkennen, daß bis zu Wassertiefen, die dem m-fachen der Wellenhöhe entsprechen, die positiven wie negativen Geschwindigkeitsspitzen langsam und fast in gleichem Maße größer werden.

Von der Tiefe $m \cdot H_0$ an wächst die positive Geschwindigkeitsspitze schneller an und erreicht ihren Höchstwert im Brechpunkt. Die negative Geschwindigkeitsspitze bleibt dagegen von dieser Wassertiefe $m \cdot H_0$ an hinter der positiven Geschwindigkeitsspitze zurück, obwohl auch sie mit abnehmender Wassertiefe größer wird. Sie erreicht ihren Höchstwert schon vor dem Brechpunkt und fällt bis zum Brechpunkt wieder ab. Sie sinkt aber nicht auf den Wert Null ab, so daß eine negative Schwingungskomponente im Brechpunkt erhalten bleibt. Zwischen positiver und negativer Geschwindigkeitsspitze entsteht so ein Geschwindigkeitsunterschied, der von der Wassertiefe $m \cdot H_0$, dem Punkte der Geschwindigkeitstrennung, an mit abnehmender Wassertiefe größer wird und im Brechpunkt besonders hohe Werte erreicht.

Die Wassertiefe, in der der Unterschied zwischen positiver und negativer Geschwindigkeitsspitze deutlich wird, ist abhängig von der Steilheit der Welle und liegt unter der Voraussetzung gleicher Wellenhöhen für die lange Welle in größerer Wassertiefe. Entsprechend verlaufen auch die Kurven der positiven und negativen Geschwindigkeitsspitzen, und zwar entspricht der langen Welle ein langsamer Anstieg und der kurzen ein schneller Anstieg zum Höchstwert. Da die Höchstwerte der Kurven für die positive Geschwindigkeitsspitze bei der langen Welle und für die negative Geschwindigkeitsspitze bei der kurzen Welle etwas größer sind, bildet sich der Unterschied zwischen positiver und negativer Geschwindigkeitsspitze bei der längeren Welle stärker aus.

Nach diesen Merkmalen, und weil die längere Welle schon in größerer Wassertiefe Fühlung mit der Seesohle nimmt, kann gefolgert werden, daß in größeren Wassertiefen die Wellen-

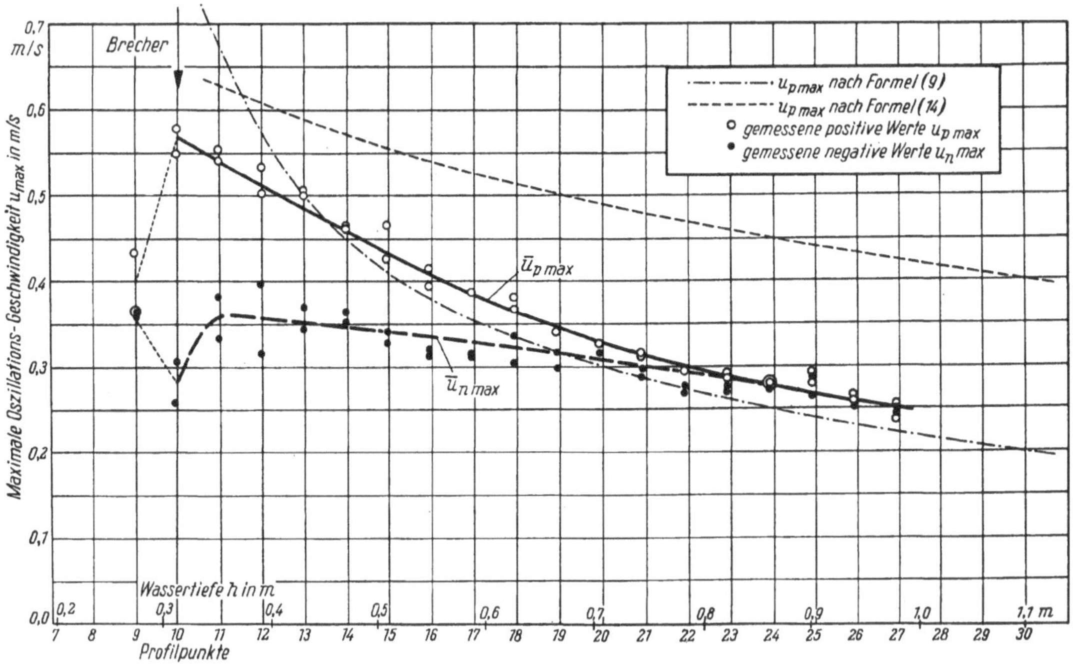

Abb. 21. Maximale positive und negative Oszillations-Geschwindigkeiten 5 cm über der Strandsohle
Strandneigung 1:51 Wellendaten: H_0 = 21,90 cm
L_0 = 7,08 m

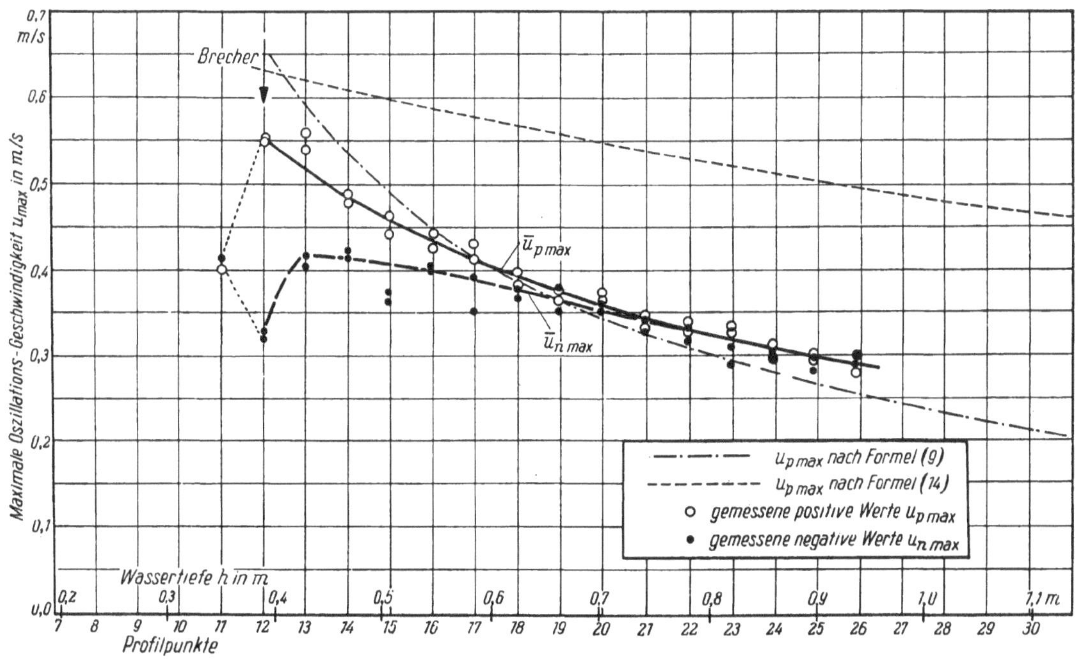

Abb. 22. Maximale positive und negative Oszillations-Geschwindigkeiten 5 cm über der Strandsohle
Strandneigung 1:51 Wellendaten: H_0 = 29,0 cm
L_0 = 5,0 m

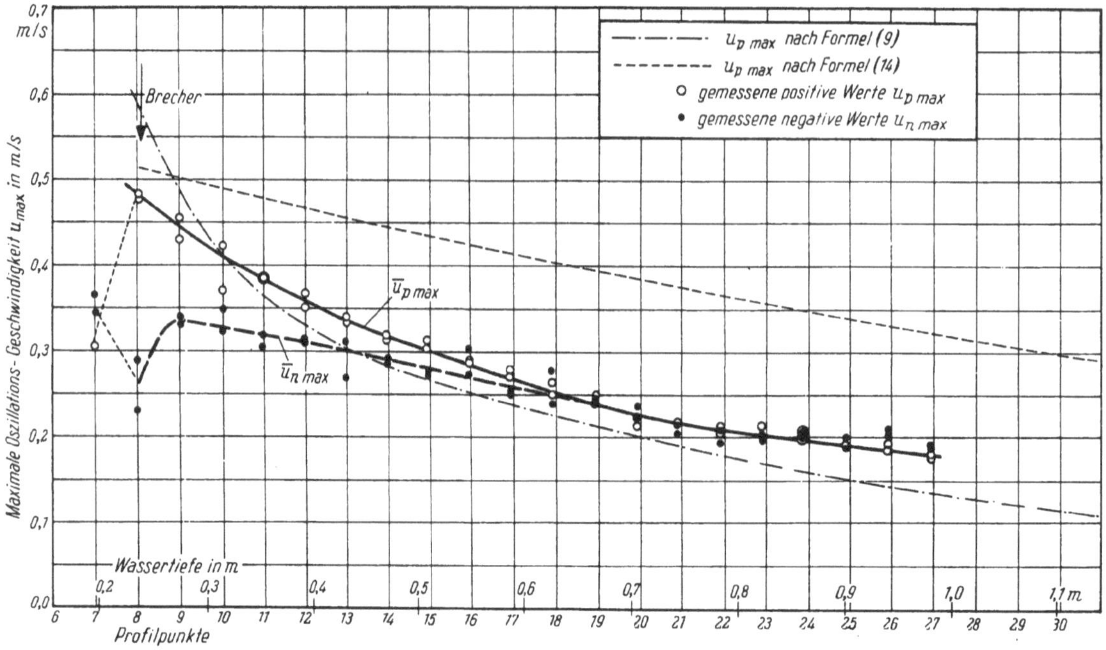

Abb. 23. **Maximale positive und negative Oszillations-Geschwindigkeiten 5 cm über der Strandsohle**

Strandneigung 1:51 Wellendaten: H_0 = 16,80 cm
L_0 = 4,56 m

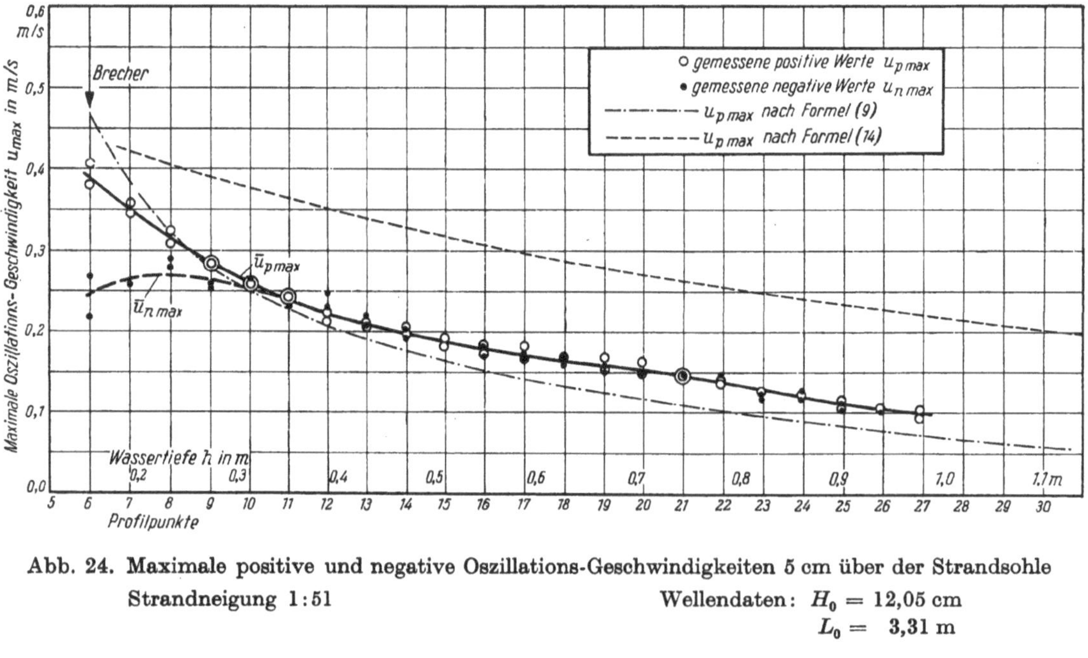

Abb. 24. **Maximale positive und negative Oszillations-Geschwindigkeiten 5 cm über der Strandsohle**

Strandneigung 1:51 Wellendaten: H_0 = 12,05 cm
L_0 = 3,31 m

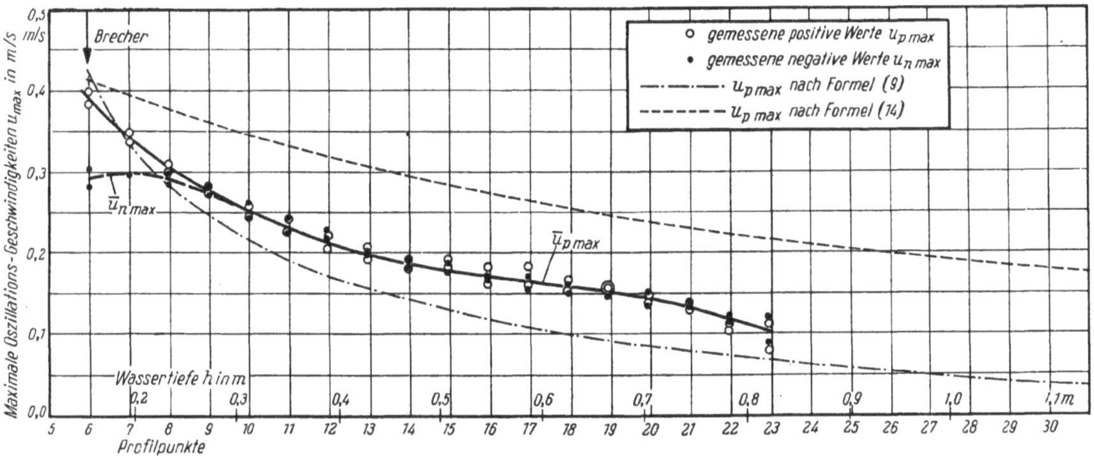

Abb. 25. **Maximale positive und negative Oszillations-Geschwindigkeiten 5 cm über der Strandsohle**
Strandneigung 1:51 Wellendaten: $H_0 = 11{,}35$ cm
$L_0 = 2{,}70$ m

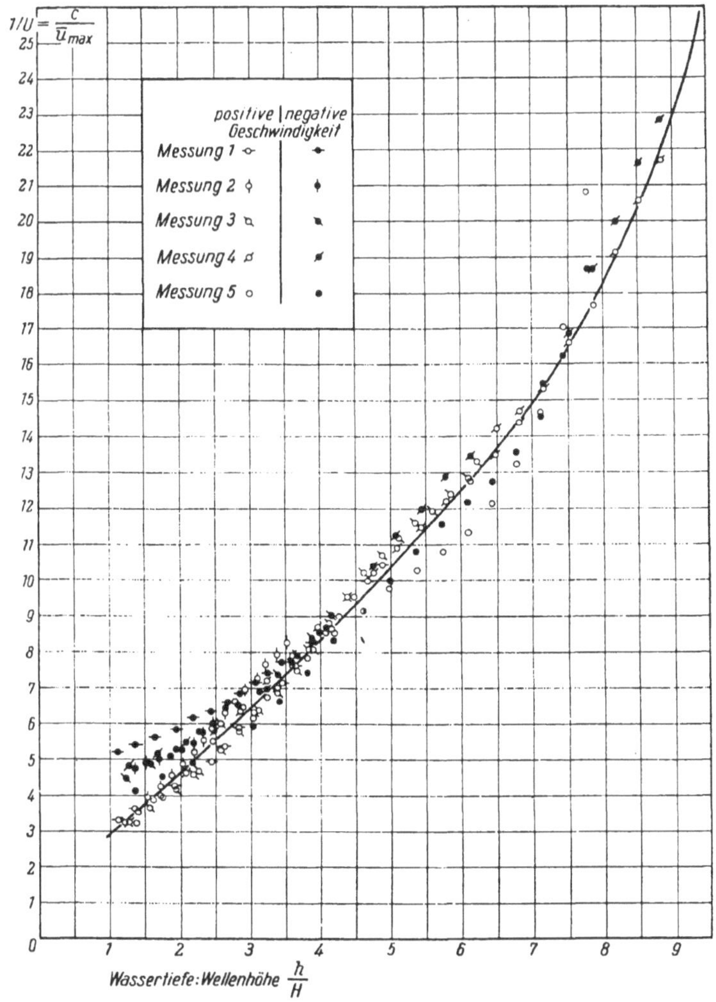

Abb. 26. **Maximale Oszillations-Geschwindigkeiten an der Sohle bei stetig abnehmender Wassertiefe**

länge und in der Nähe des Brechpunktes die Wellenhöhe der maßgebliche Faktor für die Geschwindigkeit an der Sohle zu sein scheint.

Der Vergleich mit den Geschwindigkeitswerten, die sich aus den Formeln (9) und (14) ergeben, zeigt, daß keine der angeführten Theorien die Größe der Geschwindigkeitsspitze an der Sohle richtig wiedergibt. Die Einzelwellentheorie, nach deren Formel (10) die Laufgeschwindigkeit der Wellen schon zu groß angegeben wird, setzt ebenfalls für die Geschwindigkeit der Wasserpartikel zu hohe Werte an. Lediglich in der Nähe des Brechpunktes nähern sich die Formelwerte den Meßwerten, d. h. den Geschwindigkeitswerten der positiven Oszillationskomponente, da für die negative Komponente die Theorie keine Werte liefert, sondern die negative Bewegung aus dem Rückstrom der bei der positiven Komponente mitgeführten Wassermenge erklärt.

Die Formel (9) der schwingenden Welle, die aus der mittleren Lage der Wasserteilchen entwickelt wurde, und deren Werte als Geschwindigkeitsgrößen der positiven wie negativen Komponente angenommen werden können, gibt in größeren Wassertiefen zu geringe und in der Nähe des Brechpunktes zu hohe Werte an.

Wird das Verhältnis Wellengeschwindigkeit/maximale Geschwindigkeit an der Sohle in Beziehung zu dem Verhältnis Wassertiefe/Wellenhöhe gesetzt (Abb. 26), so lassen sich aus der Auftragung allgemein gültige Aussagen machen, weil die Verhältniswerte der in Höhe und Steilheit unterschiedlichen Wellen angenähert durch eine Kurve verbunden werden können.

Die Kurve sagt aus, daß bei gleichen, zur Wellenhöhe relativen Wassertiefen das Verhältnis Wellengeschwindigkeit/positive Geschwindigkeitsspitze ein konstanter Wert ist. Sie gehorcht dem Gesetz

$$\frac{u_{p\,max}}{c} = 0{,}4\left(\frac{H}{h} - 0{,}062\right)^{0{,}72} . \tag{20}$$

Die Formel ermöglicht Aussagen über die Größe der Geschwindigkeitsspitze der positiven Oszillationskomponente an der Sohle, wenn die Wellenabmessungen und Wassertiefen bekannt sind.

Wird die Frage gestellt, in welcher Wassertiefe unter einer bestimmten Welle die Sandbewegung beginnt, so kann durch Näherungsrechnung diese Tiefe wie folgt ermittelt werden: Aus den Tiefwasserabmessungen der Welle wird die Wellengeschwindigkeit c der Seichtwasserwelle bei einer beliebigen Wassertiefe h nach Abb. 16 bestimmt, wobei gleichzeitig die Länge der Flachwasserwelle erfaßt wird. Die Wellenhöhe kann auf Grund ihrer geringen Veränderung als konstant angesehen oder nach der Munk-Traylorschen Refraktionstheorie ermittelt werden. Nach Einsetzen der gewonnenen Werte in die Formel (20) ist die Geschwindigkeit $u_{p\,max}$ zu ermitteln, die mit der Geschwindigkeit des Bewegungsbeginns für den kleinsten Korndurchmesser übereinstimmen muß. Wird dieser Wert $u_{p\,max}$ in der ersten Annäherung nicht getroffen, muß unter Annahme einer anderen Wassertiefe h die Rechnung erneut durchgeführt werden, bis der verlangte Wert erreicht ist. Unter Verwendung eines Sandgemisches vom mittleren Korndurchmesser $d_m = 0{,}16$ mm wurde die erste Sandbewegung während der Versuche bei einer Geschwindigkeit von $u_{p\,max} = 16$ bis 17 cm/sec beobachtet. Für das in der Natur anzutreffende Sandgemisch, das meist ein breites Kornspektrum aufweist, kann dieser Wert als erster Näherungswert gelten.

2.47.6 *Maximale horizontale Oszillationsgeschwindigkeit in den Vertikalen*

Wie die Geschwindigkeit der Wasserpartikel an der Sohle, wird die Oszillationsgeschwindigkeit in den Vertikalen unter dem Wellenkamm und Wellental nach der Bodenberührung ungleichmäßig. An der Oberfläche nimmt die maximale Geschwindigkeit der positiven Komponente mit abnehmender Wassertiefe erst schwach, dann stärker bis auf den Betrag der

Wellengeschwindigkeit zu. Die Geschwindigkeitsspitze der negativen Komponente wird zunächst ebenfalls größer, erreicht schon in relativ großen Wassertiefen einen Höchstwert und fällt im Brechpunkt auf den Wert Null ab. Die Trennung der Geschwindigkeitsspitzen zwischen positiver und negativer Komponente beginnt in der Nähe der Oberfläche etwa in der gleichen Wassertiefe wie die Trennung der Geschwindigkeitsspitze an der Sohle. Gegenüber den Geschwindigkeitsspitzen der Komponenten an der Oberfläche nehmen die der Komponenten an der Sohle prozentual weniger zu, und der Höchstwert der negativen Geschwindigkeitsspitze tritt in geringerer Wassertiefe ein. Außerdem fällt an der Sohle die Geschwindigkeitsspitze der negativen Komponente nicht auf Null ab, wie es an der Oberfläche geschieht, sondern behält einen Wert bei, der die schwingende Bewegung der Wasserteilchen erhalten läßt. Auch erreicht die Geschwindigkeitsspitze der positiven Komponente an der Oberfläche bei jedem Wellentyp den Betrag der Laufgeschwindigkeit der Welle, die im Brechpunkt bei unterschiedlichen Wellentypen nur unwesentliche Abweichungen zeigt. Dagegen ist die Geschwindigkeitsspitze der positiven Komponente an der Sohle vom Wellentyp abhängig und hat für die lange Welle einen etwas größeren Wert.

Der Vergleich der gemessenen Geschwindigkeitswerte in den Vertikalen mit den Formelwerten der Einzelwellentheorie hat zu einer Darstellung geführt, in der das Verhältnis $U =$ ma-

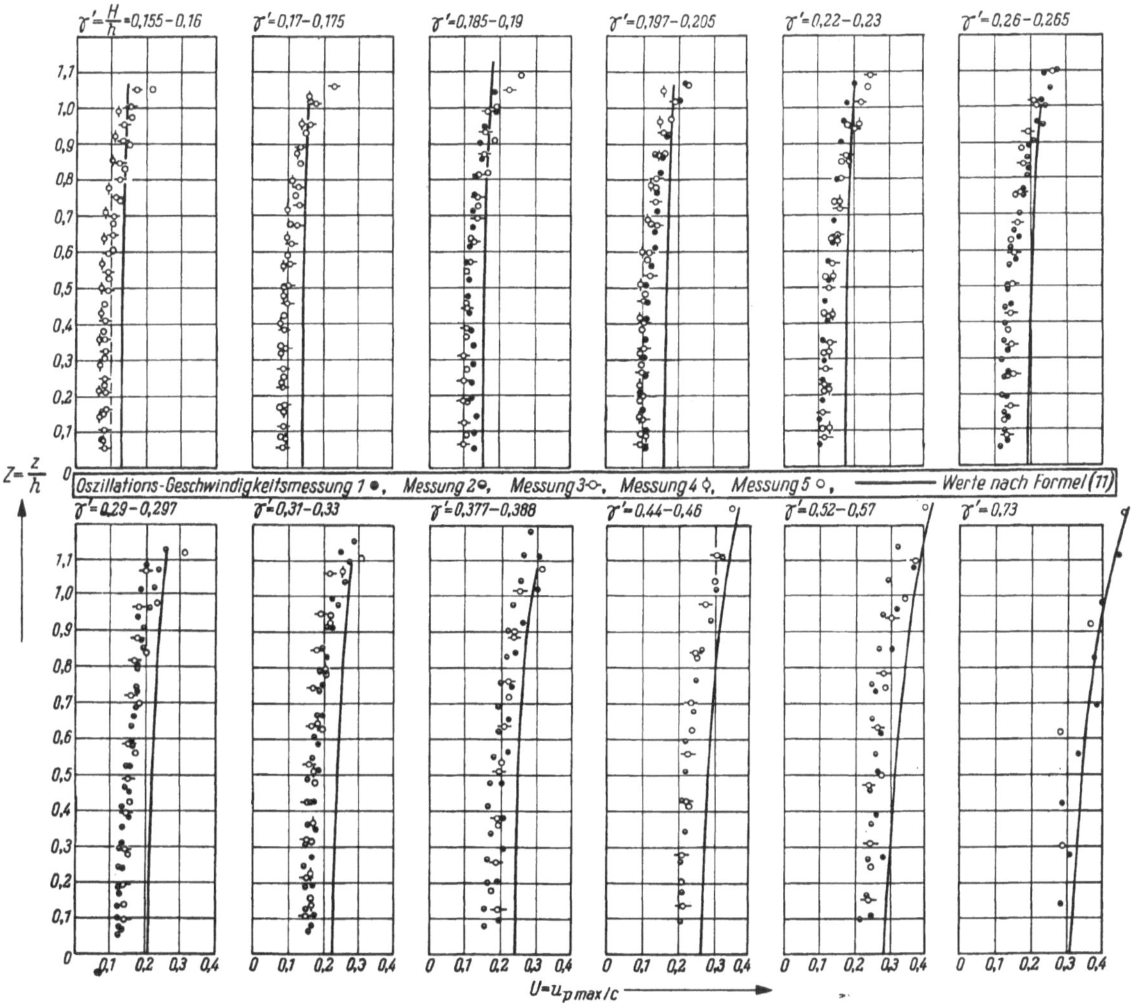

Abb. 27. Verhältnis U in Beziehung zum Verhältnis Z für verschiedene Verhältnisse γ'

ximale positive Oszillationsgeschwindigkeit/Wellengeschwindigkeit in Beziehung zu dem Verhältnis Z = Höhe über der Sohle/Wassertiefe für verschiedene Verhältnisse γ' = Wellenhöhe/Wassertiefe aufgetragen ist (Abb. 27). Es ist ersichtlich, daß die Formel für U in der Nähe der Oberfläche gute Werte, dagegen in der Nähe der Sohle zu große Werte angibt. Da die Werte für die Wellengeschwindigkeit durch die Theorie schon zu hoch angesetzt sind, steigert sich die positive Teilchengeschwindigkeit nach der theoretischen Fassung zu nicht tragbaren Werten. Außerdem zeigt die Darstellung, daß die Verhältnisse U für die jeweilig gleichen Verhältnisse γ' bis zu Werten von $\gamma' = 0{,}5$ bis 0,6 trotz der an Höhe und Steilheit unterschiedlichen Modellwellen angenähert gleich sind. Erst bei γ'-Werten $> 0{,}6$ weichen die Verhältnisse U der unterschiedlichen Wellen voneinander ab, wobei die größeren Werte der längeren Welle entsprechen. Es muß daraus geschlossen werden, daß von Tiefwasserwellen gleicher Höhe, aber unterschiedlichen Typs die lange Welle in größerer Wassertiefe bricht.

2.47.7 *Dauer der Oszillationskomponenten*

Gleichzeitig mit der Geschwindigkeitsänderung tritt mit abnehmender Wassertiefe eine Änderung der Dauer der Oszillationskomponenten ein. Die Schwingungszeiten der beiden Komponenten, die bei großen Wassertiefen angenähert gleich sind, weichen bei Wassertiefen, die das m'-fache der Wellenhöhen betragen, voneinander ab. Dabei entsprechen die größeren m'-Werte der langen Welle. Der Abweichpunkt deckt sich etwa mit dem Punkt der Welle, an dem die Differenz zwischen den Geschwindigkeiten deutlich wird. Die Dauer der positiven Bewegung wird von diesem Punkt an kleiner. Die Dauer der negativen Bewegung wird entsprechend größer, weil die Summe der beiden Zeitgrößen gleich der Dauer der Periode ist. Der entstehende zeitliche Unterschied der Komponenten ist abhängig von der Steilheit der Welle und bei der langen Welle größer, d. h. der größeren Geschwindigkeit der positiven Komponente entspricht eine kleinere Zeitdauer. Diese Aussage ist aus der Abb. 28 zu er-

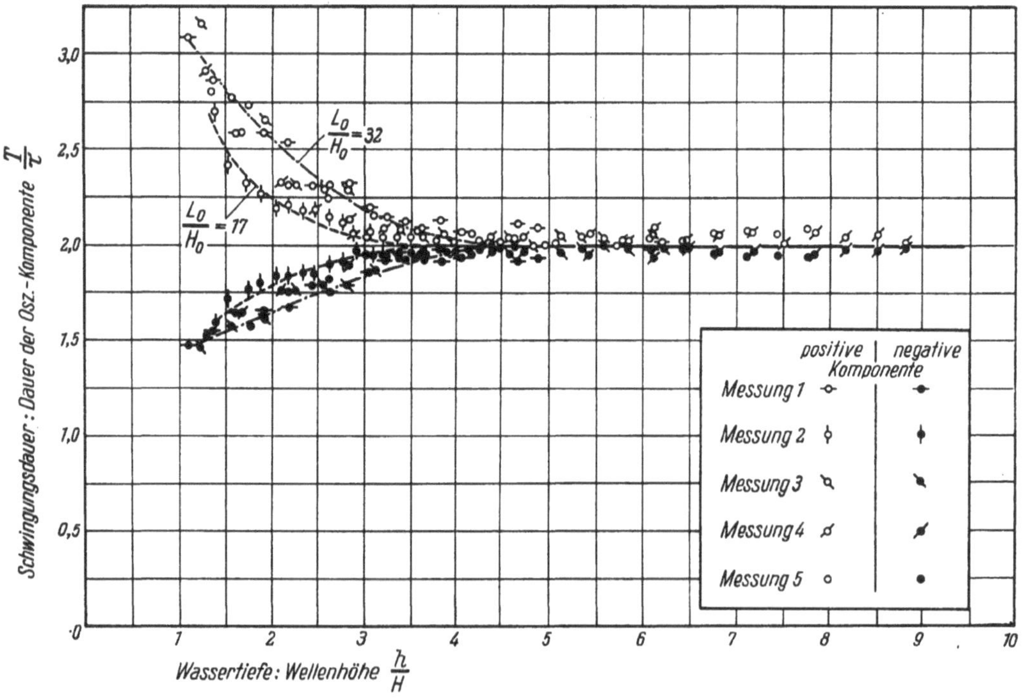

Abb. 28. Dauer der Oszillations-Komponenten an der Sohle bei stetig abnehmender Wassertiefe

kennen, die das Verhältnis Schwingungsdauer zur Dauer der Komponenten τ_p und τ_n in Beziehung zum Verhältnis Wassertiefe/Wellenhöhe zeigt.

Aus der Tatsache, daß die Zunahme der positiven Oszillationsgeschwindigkeit an der Oberfläche größer ist als die Abnahme der Dauer dieser Komponenten, dagegen die Geschwindigkeitszunahme der negativen Komponente kleiner ist als die Zunahme ihrer Dauer, kann gefolgert werden, daß an der Oberfläche ein positiver, an der Sohle ein negativer Transport der Teilchen eintritt. Da außerdem die Geschwindigkeitszunahme der positiven Oszillationskomponente der kurzen Wellen größere Werte annimmt als bei langen Wellen, die Abnahme der Dauer der Komponente aber kleiner bei der kurzen als bei der langen Welle ist, ruft die kurze Welle einen größeren Wassertransport hervor.

2.48 Zusammenfassung

Durch die Versuche wird gezeigt, daß die schwingende Tiefwasserwelle beim Auflaufen auf einen geraden Strand auch im Seichtwasser die wesentlichen Merkmale der schwingenden Welle bis unmittelbar vor dem Brecher beibehält.

Es wird gezeigt, daß die Wellenperiode konstant bleibt und die Geschwindigkeitsformel der allgemeinen Wellentheorie gut zu verwerten ist. Die Geschwindigkeitsformel der Einzelwellentheorie ist möglicherweise bei sehr kleinen H/h-Werten für die vormals schwingende Welle anzuwenden.

Für die Veränderungen der Wellenhöhen gibt die Formel der Refraktionstheorie nach Munk und Traylor eine gute Annäherung, während die Formel der veränderten Refraktionstheorie nach Vollbrecht nicht befriedigend ist.

Der aus der Einzelwellentheorie von Munk hergeleitete konstante Wert für das Verhältnis der Brecherhöhe und Brecherwassertiefe $\gamma' = H_b/h_b$ ist nicht exakt, wogegen das von Munk entwickelte und korrigierte Diagramm für die Vorhersage von Brecherhöhen eine Annäherung an die tatsächlichen Verhältnisse darstellt.

Je mehr sich die Welle bei stetig abnehmender Wassertiefe dem Brechpunkt nähert, desto schneller werden die maximalen horizontalen Oszillationsgeschwindigkeiten der Wasserteilchen. Die positiven Geschwindigkeitsspitzen nehmen zunächst langsam, dann schneller zu und erreichen im Brechpunkt an der Oberfläche den Wert der Wellengeschwindigkeit, an der Sohle einen Höchstwert. Die negativen Geschwindigkeitsspitzen wachsen ebenfalls, aber langsamer als die positiven. Sie erreichen schon vor dem Brecher einen Höchstwert und fallen bis zum Brechpunkt wieder ab. Dabei sinkt ihr Wert an der Oberfläche auf Null, an der Sohle dagegen bleibt eine Geschwindigkeit erhalten. Der Höchstwert der negativen Geschwindigkeitsspitze liegt an der Oberfläche weiter ab vom Brechpunkt als an der Sohle.

Es entwickelt sich speziell vor dem Brechpunkt ein großer Unterschied zwischen den Geschwindigkeitsspitzen der positiven und negativen Oszillationskomponenten. Je mehr sich die Welle außerdem verformt, um so kleiner wird die Dauer der positiven und um so größer die der negativen Komponente. Die Geschwindigkeitszunahme der positiven Oszillationskomponente an der Oberfläche ist größer als die Abnahme der Zeitdauer, die Geschwindigkeitszunahme der negativen Komponente kleiner als die Zunahme ihrer Dauer. Daraus entsteht an der Oberfläche ein positiver, an der Sohle ein negativer Transport der Wasserteilchen.

Der Vergleich der Meßwerte mit den theoretischen Werten zeigt, daß für die maximalen Geschwindigkeiten an der Sohle weder die lineare noch die Einzelwellentheorie brauchbare Werte liefert. Es wurde eine Gesetzmäßigkeit festgelegt, nach der die maximalen positiven Geschwindigkeitswerte an der Sohle ermittelt und die Wassertiefe bestimmt werden kann, in der unter einer Welle der Bewegungsbeginn des Sandes einsetzt.

An und in der Nähe der Oberfläche gibt die Einzelwellentheorie gute Werte für das Verhältnis u/c an, das aber für die Bestimmung der maximalen positiven horizontalen Teilchengeschwindigkeit nur angesetzt werden kann, wenn die Laufgeschwindigkeit der Welle nach der linearen Theorie ermittelt wird.

Bei verschiedenen Wellentypen — mehr oder weniger steil — weichen die beschriebenen Vorgänge größenmäßig voneinander ab. Wird der Vergleich zwischen kurzen und langen Wellen unter der Voraussetzung gleicher Wellenhöhen durchgeführt, dann hat zunächst die kurze Welle auf kleinerer Strecke Bodenberührung. Ihre positive Geschwindigkeit ist an der Sohle etwas geringer, ihre negative etwas größer. Die Zunahme der Geschwindigkeit beider Komponenten an der Sohle ist auf dem Wege vom Punkt der Bodenberührung an bis zum Brechpunkt größer. Der Punkt, an dem sich der Geschwindigkeitsunterschied zwischen der positiven und negativen Geschwindigkeit deutlich ausprägt, liegt näher zum Brechpunkt hin, und der Unterschied der Geschwindigkeiten bildet sich nicht so stark aus. Die relative Zeitdauer der positiven Komponente ist größer, und in Verbindung mit der größeren Geschwindigkeitszunahme der positiven Komponente an der Oberfläche bildet sich der Transport der Wasserteilchen in positiver Richtung stärker aus.

3 Wechselbeziehung zwischen der Welle und dem strandnahen Unterwasserhang

3.1 Einführung

Der wechselseitige Einfluß, den die Welle und das mit kohäsionslosem Sand bedeckte Relief des strandnahen Unterwasserhanges aufeinander ausüben, führt gesetzmäßig zu Verformungen sowohl der Welle wie des Hanges, die durch das Bestreben zum Gleichgewicht bedingt sind. Die Änderung des einen Teiles ist zwangsläufig begleitet durch die Verformung des anderen Teiles. Es ist daher nicht möglich, das Bilden, die Form und die Änderungen des Reliefs zu erklären, wenn die Umbildungen der Welleneigenschaften, die mit dem Auflaufen der Welle auf einen geradlinig geneigten, strandnahen Unterwasserhang auftreten, als gegeben und unveränderlich angesehen werden. So können die im ersten Abschnitt gefundenen Erkenntnisse lediglich als Ausgangsbasis eines Deutungsversuches der Sinkstoffbewegung im Litoral dienen, weil mit der Umformung des Reliefs zweifellos weitere Änderungen der Welleneigenschaften eintreten.

3.2 Sandriffe

Die ausgeprägtesten Formen im Relief der Schorre sind die Sandriffe, über deren Entstehen schon sehr viel Zutreffendes geschrieben wurde, ohne daß eine restlos befriedigende Erklärung gegeben werden konnte.

Sandriffe sind sehr flache, relativ breite, langgestreckte, küstenparallel verlaufende Sandwälle im Flachwasser, deren Form und Abmessungen nicht unbedingt konstant sind. Im allgemeinen zeigen ihre Böschungen eine konkav-konvexe Form, deren Luvhang sanfter und deren Leehang stärker geneigt ist. Verbunden sind diese Hänge durch einen mehr oder weniger breiten Kamm.

Die Anzahl der Riffe ist wechselhaft, sie treten häufig zu zweit, an sandreichen, flachen Küsten auch in größerer Zahl auf. An sandärmeren, steilen Küsten können sie ganz fehlen. Ihr Abstand untereinander vergrößert sich mit der Entfernung von der Wasserlinie.

Die Tiefenlage des äußersten Riffes ist begrenzt durch die Tiefenwirkung der Welle. HARTNACK fand als Extremfall an der Küste Hinterpommerns noch gut ausgebildete Riffe in 8 bis 9 m Wassertiefe.

Die meisten Riffe beginnen direkt am Strand, biegen dann in tieferes Wasser ab, verlaufen eine Zeitlang fast parallel zur Wasserlinie und lösen sich schließlich nach seewärts ausweichend in größeren Wassertiefen auf. Das nächst innere Riff tritt dann an die Stelle des untertauchenden, und auf der Strecke des Zerfalls löst sich vom Strande, die Zahl der Riffe ergänzend, ein neues Riff [7].

Lage und Form der im tieferen Wasser liegenden äußeren Riffe sind im allgemeinen nur geringen Veränderungen unterworfen, während das innere Riff von der wechselnden Wellenintensität und dem Wechsel der Wasserstände stärker betroffen wird, daher in seiner Form äußerst wandelbar ist.

Das Aufbaumaterial der Riffkörper setzt sich aus den feineren Fraktionen des auf dem Unterwasserhang anzutreffenden Korngemisches zusammen, dagegen ist in den Riffmulden meist ein breites Kornspektrum mit größeren Anteilen gröberer Fraktionen anzutreffen. Es findet also senkrecht zur Wasserlinie während des Aufbaues der Riffe ein Entmischungsvorgang statt. Bohrungen deuten darauf hin, daß sich das Material der Riffkörper häufig von außen zum Kern hin vergröbert und im Inneren des Riffkörpers eine Geröllbank vorhanden ist. Ein weiterer Entmischungsvorgang ist parallel zur Wasserlinie nachzuweisen, der auf dem langgestreckten Riffkörper das feinere Kornmaterial an der Auflösungsstelle der Riffe vorfinden läßt.

In der Querschnitts- wie Längsbauform treten mannigfache Abweichungen auf. Breite, Höhe über der Sohle und Neigungen der Hänge, Anzahl und Materialzusammensetzung können variieren. Die Längsbauform kann unterbrochen und von der dachziegelartigen Anordnung verschieden sein. Grundsätzlich bleiben aber die letztgenannten Abweichungen Einzelerscheinungen, die durch besondere, der Küstenstrecke eigene Faktoren bedingt sind.

3.3 Kritik der bisherigen Anschauungen über das Riffproblem

Der Versuch, die Entstehungsart des Riffes zu erklären und den Ursprung des Aufbaumaterials zu deuten, ließ unterschiedliche Hypothesen entstehen. Es lag nahe, da die Mehrzahl der morphologischen Großformen der Schorre strömungstechnisch zu erklären sind, dem Bilden der langgestreckten Riffe und Mulden eine ähnliche Ursache zuzuschreiben.

Das Ablösen des Riffes von der Wasserlinie führte zu der Annahme, daß das Material des Riffkörpers wie bei einer Landzunge der Küstendrift entstammt. Diese Entstehungsart würde aber einen nicht nachweisbaren Materialentzug an dem Punkte der Küste verursachen, an dem sich das Riff von der Wasserlinie trennt.

Weiterhin ließen die Mulden zwischen Wasserlinie und den Riffen die Annahme eines Flußlaufes zu, in dem die Riffe als Ablagerungen unter ruhigeren Strombahnen gedeutet wurden. Der Mitwirkung der Wellen war nach diesen Anschauungen nur insofern Bedeutung beigemessen, als die Orbitalbewegung der Wasserteilchen durch ihre lösende und aufwirbelnde Kraft die Tätigkeit der Strömung unterstützt.

Eine strömungstechnische Auslegung der Riffentwicklung reicht aber zur Erläuterung der Form und der Vielzahl der Riffe nicht aus. So unternahmen zunächst BRAUN [5] und HARTNACK [17], später auch SHEPARD [45] einen rein wellenmechanischen Deutungsversuch, der das Riff dort entstehen läßt, wo eine auflaufende Welle auf die zurückflutende Wassermenge der vorangegangenen trifft und der Zusammenprall der Wasserteilchen die Transportkraft beider Bewegungsrichtungen so weit herabsetzt, daß der suspendierte Sand im Bereich des Zusammenpralles ablagern kann. Die Möglichkeit zur Entwicklung der äußeren Riffe wird in der Interferenz verschiedener Wellensysteme gesehen, und zwar läßt die Überlagerung der Wellenphasen Zonen geringerer Transportkräfte entstehen, die den Anlaß zu Sandablagerungen geben.

Evans [10] entwickelte dagegen aus Beobachtungen und Messungen am Michigansee eine Suspensionstheorie, die in ihrer Annahme, daß sich das Riff aus Material aufbaut, das durch Welleneinwirkung in Suspension gegangen ist, sicherlich zu Recht besteht, doch konnten seine Auslegungen keinen Anklang finden. Wirtz [53] fand bei Messungen in der Kösliner Bucht die Annahme Evans bestätigt, nahm aber auf Grund von Bohrergebnissen an, daß das innere Riff als Ablagerungsform einer bei Sturmbrandung in der Turbulenzzone restlos in Schweb befindlichen Sandmenge zu deuten ist, die sich bei nachlassender Turbulenz, nach Korngrößen geordnet, absetzt. Die vordere Turbulenzzone gibt Anlaß zur Bildung weiterer Turbulenzstreifen, d. h. Riffen, deren Zahl sich nach der Breite des Brandungsstromes richtet.

Es ist aber nicht zu verkennen, daß die bisher angeführten Anschauungen allzu deutliche Schwächen zeigen. Schon bei flüchtiger Beobachtung der Sandbewegung unter der Welle, z. B. im Wellentank, ist zu erkennen, daß

1. das Riff allein durch die Tätigkeit der Welle entsteht und die Strömung nur bei der Modellierung der Form des Riffs in gewisser Weise mitwirkt, die Riffentwicklung also keinesfalls strömungstechnisch zu deuten ist,
2. ein Zusammenprall der Wasserteilchen von Welle und Rückstrom nicht stattfindet und ein merklicher Abfall der Oszillationsgeschwindigkeit erst im Brechpunkt eintritt, das Riff sich aber weiter seewärts ausbildet, sein Aufbau einer Interferenz somit nicht bedarf,
3. das Riff sich durch die Wellentätigkeit nur allmählich bildet und trotz starker Turbulenz der Wassermassen der Riffkörper in der Brecherzone liegen bleibt und nur eine dünne Oberflächenschicht in Bewegung ist.

Schon nach diesen Beobachtungen sind der Strömungs-, Interferenz- wie der Suspensionstheorie die eigentlichen Grundlagen entzogen; ihre Gültigkeit muß demnach bezweifelt werden.

Reinhard [44] läßt die genannten Hypothesen nebeneinander gelten. Sein Deutungsversuch sagt, daß die von der Sturmbrandung aufgelösten Riffe von den Düngungswellen sehr bald wieder ausgebildet werden. Die eigenartigen Mischungsprozesse in den turbulenten Interferenzstreifen sondern das Material derart, daß das gröbere Material früher zur Ablagerung kommt, das feinere, stets wieder aufgenommene und bewegte Material sich stärker im Riffmantel absetzt. Der Brandungsstrom trägt insofern zur Riffbildung bei, als er die Lage und Längserstreckung des Riffes mitbestimmt.

Auch Körner [29] glaubt, durch die Verknüpfung der drei bekannten Theorien die Vorgänge richtig erfassen zu können. Nach seiner Meinung entsteht der untere, aus gröberem Material aufgebaute Teil des Riffes dort, wo die strandwärts gerichtete Strömung unter der anlaufenden Welle auf die Rückströmung der vorangegangenen trifft und die Schleppkraft im Bereich des Zusammenstoßes momentan abnimmt. Seewärts des sich bildenden Walls wird das durch die Wirbelbildung unter der brechenden Welle in Suspension gehende Material von dem Schußstrahl des Brechers gegen den Strand fortgetragen. Der Schußstrahl zerschellt hinter dem Riffsockel und löst wiederum Wirbel aus, die dieses Mal gegen den Riffsockel gerichtet sind. Die zunehmende Rückströmung zerstört die Wirbel und läßt den Sand, soweit er nicht von der Küstenströmung fortgetragen wird, über dem Kamm und dem landseitigen Hang des Riffes ausfallen.

Gegen die letztgenannten Anschauungen ist geltend zu machen, daß sie die nicht zutreffenden Grundlagen der erstgenannten Theorien übernehmen, und daß mit der Verknüpfung unbefriedigender Anschauungen eine befriedigende Lösung des Problems nicht zu erwarten ist.

Weitere rein wellenmechanische Deutungsversuche sahen die Ursache der Riffbildung nicht ausschließlich in der durch die Welle hervorgerufenen Strömungs- und Wirbelbildung, sondern leiteten die Riffbildung aus einer genaueren Betrachtung der Sinkstoffbewegung über der morphologischen Kleinform der Schorre, dem Riffel, ab.

Noch scheint aber über die Art der Bewegung und Verlagerungsrichtung sowie über die daraus abzuleitende Erklärung des Riffproblems Unklarheit zu herrschen. So unterteilt z. B. KEULEGAN [23], gestützt auf Modellbeobachtungen und Messungen, die Materialbewegung in einen geschoben werdenden und einen suspendierten Anteil. Nach seiner Ansicht erfolgt die Trennung allein durch den Leewirbel, der während der positiven Oszillationskomponente hinter dem Riffel entsteht. Der geschoben werdende Anteil wandert in den Riffeln in positiver Richtung. Aus seinem Material bildet sich im wesentlichen das Riff. Der suspendierte Anteil kann sowohl in positiver wie negativer Richtung verfrachtet werden. KEULEGAN zieht aus seinen Beobachtungen die Schlußfolgerung, daß die Sandbewegung über dem Riff ähnlich der Bewegung über den Riffeln sein muß. Die Riffentwicklung wird somit strömungstechnisch gedeutet. Gegen diese etwas unklare Deutung ist einzuwenden, daß

1. die Sandbewegung über den Riffeln nicht vollständig beobachtet und wiedergegeben wurde und die Bevorzugung der positiven Oszillationskomponente nicht zu Recht besteht.
2. bei den Versuchen zu kleine Wellenhöhen und zu grobes Sandmaterial verwendet und folglich der in den Riffeln bewegte Sandanteil überschätzt wurde,
3. die Sandbewegung über dem Riff mit der über dem Riffel nicht zu vergleichen ist, weil die Bewegung, die zur Riffbildung führt, äußerst kompliziert ist und erst die Verbindung vieler kleiner Teilprozesse das Riff entstehen läßt.

Die Versuche KEULEGANS sind aber äußerst aufschlußreich und in ihrer Durchführung sehr exakt. Außerdem kann der häufig zu findenden Ansicht, daß die von KEULEGAN im Wellentank erzeugten Riffe mit den Naturriffen keine Ähnlichkeit besitzen oder zumindest seine Rifformen durch irgendwelche Modelleinflüsse verzerrt sind, nicht zugestimmt werden. Die von KEULEGAN im Wellentank erzeugten Riffe sind zweifellos die zu den verwendeten Wellen konstanter Abmessungen passenden Formen. Die in der Natur anzutreffenden Riffe sind dagegen Gebilde, die von Wellen unterschiedlicher Größe und sonstigen Einflüssen geformt werden. Der Vergleich zwischen der Form des Modellriffes und des Naturriffes ist daher nicht ohne weiteres anzustellen, sondern bedarf einer genauen Kenntnis der wellenbedingten Vorgänge.

VOLLBRECHT [15, 48, 49, 50] deutet die Bewegung der Sinkstoffe sowie die Riffbildung gleichfalls aus der Wasserbewegung, die über den Riffeln bei der landwärts gerichteten, also positiven Schwingungskomponente entsteht. Er prägt den Begriff des Massenmomentes und entwickelt aus dem Massenmoment die Wirkungslinie der Welle, die über Größe und Richtung des Massentransportes Auskunft geben soll. Die Bildung des Riffes wird abhängig gemacht von Wellentyp und der Korngröße, die, wenn sie rein auftreten, in einer strengen Gesetzmäßigkeit zueinander stehen sollen. Die Seegangintensität wird vorwiegend für die Verlagerung des Riffkörpers verantwortlich gemacht und ein Gleichgewicht auf dem Riffkörper mit Hilfe der Gravitationskomponente des Kornes erreicht.

Auf Grund der Beobachtungen und Ergebnisse am Modell ist der Grundgedanke der VOLLBRECHTschen These, daß sich das Riff aus einer gesetzmäßigen Bewegung des Wassers und der Sinkstoffe über den Riffeln entwickelt, zu bejahen. Doch sind gegen die Auslegung der Vorgänge u. a. folgende Einwendungen zu machen:

1. Die Sandbewegung ist über den Riffeln nur unvollständig beobachtet und die negative Oszillationskomponente wahrscheinlich in Anlehnung an die Einzelwellentheorie unberechtigterweise vernachlässigt worden.
2. Der Begriff des Massenmomentes läßt bei unterschiedlichen Korngrößen durch die beiden unbekannten Faktoren Masse und Weg dem Verlauf des Massentransportes jede Möglichkeit offen, so daß unter der Wirkungslinie jede Form der Schorre möglich wird.
3. Der Ansicht, daß die Bildung des Riffes vom Wellentyp abhängt und der luvseitige Hang von der Seeseite her aufgebaut wird, kann nicht zugestimmt werden.

4. Der Gravitationskomponente des Kornes ist bei der Ausbildung des Gleichgewichtes zu große Bedeutung beigemessen.
5. Die Hypothese gibt keine Erklärung für die Ausbildung des Leehanges der Riffe.

Die kurze Kritik der bisherigen Hypothesen findet ihre Rechtfertigung aus Beobachtungen und Messungen am Modell, die gleichzeitig den Anlaß zu neuen Gedanken über die Sinkstoffbewegung auf der Schorre und über den Entwicklungsgang der Riffe gegeben haben.

3.4 Die Entwicklung des Reliefs eines Unterwasserhanges

Die Sinkstoffbewegung sowie die Umbildung des Reliefs des strandnahen Unterwasserhanges sind Vorgänge, die sich aus unzähligen Einzelvorgängen entwickeln und deren Grundzüge nur statistisch zu erfassen sind. Darüber hinaus wird der Umbildungsprozeß von einer Vielzahl küsteneigener Faktoren mitbestimmt, die bei der Schilderung des grundsätzlichen Geschehens nur wenig berücksichtigt werden können, zumal schon eine Erklärung der markantesten Prozesse vereinfachte Annahmen verlangt. So im vorliegenden Fall die Annahme eines geradlinig geneigten Unterwasserhanges, der, mit einheitlichem Korngemisch bedeckt, von Wellen konstanter Tiefwasserabmessungen getroffen wird.

3.41 Riffelung der Hangoberfläche

Unter der genannten Voraussetzung werden vom Beginn der Wellentätigkeit an zunächst nur die kleineren Fraktionen des Korngemisches der relativ glatten Oberfläche des geradlinig geneigten Unterwasserhanges bewegt und schwingen mit kleinen Schwingungsweiten hin und her. Der Vorgang vollzieht sich auf der gesamten Strecke von der Wasserlinie bis zum Punkt des Bewegungsbeginns, an dem die Geschwindigkeit der Wasserpartikel an der Sohle die ersten Sandteilchen zu bewegen vermag. Die Schwingungsweiten der Sandpartikel nehmen mit abnehmender Wassertiefe nur wenig zu und fallen strandseits des Brechpunktes wieder ab. Nach kurzer Zeit sammeln sich die feinen suspendierten Sandteilchen zu unregelmäßigen Streifen an und legen sich nun, wahrscheinlich auf Grund der gemeinsam größeren Sinkgeschwindigkeit, auf die Sohle ab. Die Ursache des Entstehens der Streifenbildung entzieht sich leider der Beobachtung, so daß keine Erklärung gegeben werden kann, ob die Ansammlungen z. B. auf Grund Helmholtzscher Wirbelsätze oder sonstiger rhytmischer Erscheinungen entstehen. Hindernisse irgendwelcher Art scheinen jedenfalls nicht die eigentliche Ursache zu sein, da der Beginn der Riffelbildung auf der ganzen Fläche zu erkennen ist. Sobald aber die kleinen Sandstreifen auf der Sohle liegen, werden sie zu Hindernissen, in deren Lee Wirbel entstehen, deren Existenz für die Sinkstoffbewegung äußerst bedeutungsvoll ist. Leewirbel und Geschwindigkeit der Oszillationskomponenten, Schwingungsweite und Korngröße streben einem Gleichgewichtszustand entgegen, durch dessen Eintreten Riffelhöhe, -abstand und -form bestimmt werden, d. h. mit wachsenden Geschwindigkeitsspitzen der Oszillationskomponenten und wachsenden Schwingungsweiten wie zunehmender Wirbelintensität werden die Abmessungen der Riffel größer. Naturbeobachtungen haben ergeben, daß die Riffelabmessungen zusätzlich von der Wassertiefe beeinflußt werden [2].

3.42 Sinkstoffbewegung über den Riffeln

Nachdem die Riffel über die gesamte von der Welle berührten Hangfläche voll ausgebildet sind, entwickelt sich die Sinkstoffbewegung unter einer Dünungswelle etwa folgendermaßen

(Abb. 29). In dem Moment, in dem ein Wellenberg über ein Riffel läuft, ist die Bewegung der Wasserpartikel der Küste zu gerichtet. Der von der Bewegung erfaßte Sand wird auf dem Luvhang des Riffels zum Riffelkamm geschoben, von dort z. T. auf den Leehang gedrückt, z. T. in Suspension gehend fast horizontal über den Leewirbel bewegt. Dabei werden die feineren Teile geringeren Impulses durch den im Wirbel entstehenden Unterdruck in den Wirbel hineingesogen und Teile größeren Impulses ohne wesentliche Änderung ihrer Bewegungsrichtung auf die Luvhänge der weiter zur Küste hin liegenden Riffel geworfen. Während dieses Vorganges wird der Wirbel mit seinen rotierenden Sandpartikeln vom Riffeltal auf den Leehang eine Strecke aufwärts gezwängt, wobei er dem Leehang weitere Sandpartikel entnimmt. Am Ende der positiven Schwingungskomponente, also beim Kentern der Strömung,

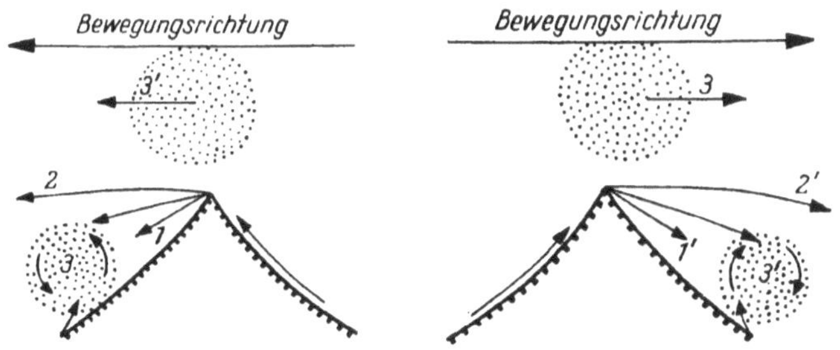

Abb. 29. Bewegungsrichtung über den Riffeln

löst sich der Wirbel auf, und die Sandpartikel werden je nach Impuls hochgeschossen und von der neu entstehenden, gekenterten Strömung mitgenommen. Mit dem Tal der Welle nimmt die Bewegung der Wasserpartikel die entgegengesetzte Richtung an. Diese Bewegung läßt die geschilderten Sandbewegungen erneut entstehen, so daß bei jeder Schwingungskomponente drei Anteile des insgesamt bewegten Sandes zu unterscheiden sind:

1. der Anteil, der vom Luvhang des Riffels auf den Leehang geschoben wird,
2. der Anteil, der, in Suspension gehend, direkt transportiert wird, d. h. nicht durch den Wirbel geht,
3. der Anteil, der, durch den Leewirbel gehend, von der entgegengesetzten Strömungskomponente versetzt wird.

Die Schilderung der Weiterentwicklung anhand dieser sechs Bewegungsanteile ist äußerst kompliziert. Es ist daher zweckmäßig, den Anteil 1, der vom Luvhang auf den Leehang geschoben wird, und den Anteil 2, der direkt verfrachtet wird, zu einem Anteil zu vereinigen. Diese Zusammenlegung ist möglich, weil beide Anteile dieselbe Bewegungsrichtung haben, der Anteil 1 nur bei kleinen Wellen ins Gewicht fällt und beide Anteile die gröberen Fraktionen der insgesamt bewegten Sinkstoffmenge erfassen. Somit sind bei jeder Schwingungskomponente nur zwei Anteile der bewegten Sinkstoffmenge zu unterscheiden, und zwar ein Anteil, der direkt in Richtung der Schwingungskomponente verfrachtet wird, und ein Anteil, der indirekt, d. h. durch den Wirbel gehend, in entgegengesetzter Richtung versetzt wird.

Unter einer brandenden Dünungswelle erreichen die Wasserteilchen an der Sohle fast in gleicher Wassertiefe sowohl während der positiven wie negativen Oszillationskomponente die Geschwindigkeit, die das erste Anzeichen der Sandbewegung hervorruft. Mit abnehmender Wassertiefe und Ausbildung des Unterschiedes der Oszillationsgeschwindigkeit verlegt sich das Gewicht der Sinkstoffbewegung immer mehr auf die positive Komponente. Der mit der abweichenden Geschwindigkeit der Komponenten auftretende Unterschied in der Intensität der Leewirbel bildet die Riffel sägezahnförmig aus (Abb. 30). Die Steilheit der Welle hat nur wenig Einfluß auf die Form der Riffel, lediglich die Wassertiefe, in der sich die Riffel sägezahnförmig ausbilden, ist bei der Welle größerer Steilheit geringer.

Unter der windgedrückten Welle ist die Bewegung der Wasserteilchen über den Riffeln nur wenig unterschiedlich von denen einer Dünungswelle gleicher Abmessungen. Die windgedrückte Welle bildet schon kurz nach der Bodenberührung den Unterschied zwischen den Geschwindigkeiten der Oszillationskomponenten aus. Es bleiben aber die vier Anteile der insgesamt bewegten Sinkstoffmenge bestehen, nur daß von vornherein die von der positiven Komponente hervorgerufenen Anteile größere Sinkstoffmengen aufweisen. So erhalten die

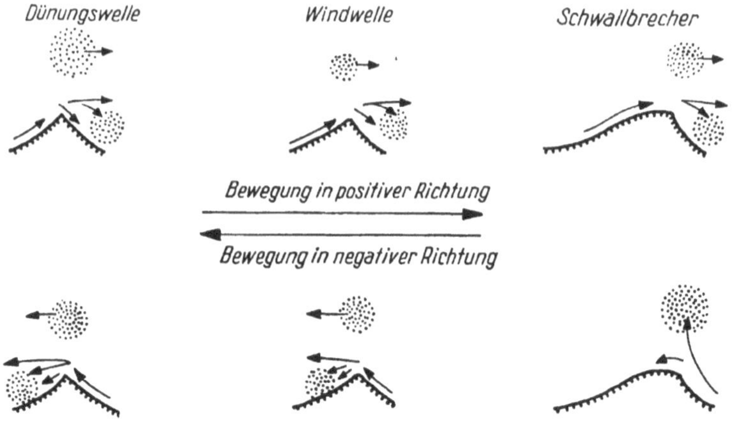

Abb. 30. Riffelformen

Riffel unter der windgedrückten Welle schon in größeren Wassertiefen ein sägezahnförmiges Profil.

Eine größere Änderung der Riffelform tritt erst mit der Schwallwelle auf. Gemeint ist in diesem Fall nicht der beim Wechselspiel am Strandwall auftretende Schwall, sondern eine Welle, die z. B. bei niedrigen Wasserständen als Folge eines Brechers auf der Luvseite des Riffes entsteht und nun als Schwall über den meist breiten Riffkamm flutet. Unter diesem Schwall ist die negative Komponente ganz zu vernachlässigen, weil die rotierende bzw. schwingende Bewegung der Wasserteilchen in eine translatorische übergeht. Von den Sinkstoffanteilen der positiven Schwingungskomponente behält der direkt verfrachtete Anteil seine Bewegungsrichtung bei, während der indirekt bewegte Anteil, der bisher in negativer Richtung verfrachtet wurde, seine Bewegungsrichtung ändert und die Sandpartikel bei nachlassender Geschwindigkeit in positiver Richtung abgibt, so daß der Sandtransport fast ausschließlich in positiver Richtung vor sich geht und die Riffelform mit ihrem flachen Luvhang und steilen Leehang einem Strömungsriffel ähnlich wird.

Eine hohe Geschwindigkeit der translatorischen Bewegung führt zum Abbau der Riffel und der Leewirbel, so daß die indirekt verfrachteten Sinkstoffanteile verschwinden. Es verbleibt der direkt verfrachtete Anteil in positiver Richtung oder auch der in negativer Richtung, wie es das Wechselspiel zwischen Schwall und Sog am Strandwall zeigt.

3.43 Zustandslinien

3.43.1 *Massen- und Überschußlinien seeseits des Brechpunktes*

Verfolgt man die bewegten Anteile der Sinkstoffmenge unter einer brandenden Dünungswelle einzeln und trägt in rechtwinklige Koordinatensysteme, getrennt nach direkt und indirekt verfrachtet, als Ordinaten die Massen der an jeder Stelle der Schorre verfrachteten Sinkstoffe Σm und als Abszisse die Entfernung vom Punkte des Bewegungsbeginns des Sandes bis zum Brechpunkt auf, so entstehen unter Beachtung der Geschwindigkeitswerte der Oszillationskomponenten Linien, siehe Abb. 21—25, die Aussagen über die verfrachtete Sinkstoffmenge und über die Bewegungsrichtung der Sinkstoffe gestatten.

Zunächst werden mit abnehmender Wassertiefe und wachsender Geschwindigkeit der positiven wie negativen Oszillationskomponente die Mengen der insgesamt erfaßten Sinkstoffe ständig größer und ihr Kornspektrum breiter. So wächst auch mit zunehmender Geschwindigkeit der Anteil der positiv direkt verfrachteten Sandmenge vom Punkt des Bewegungsbeginns bis zum Brechpunkt an (Abb. 31, Linie 1). Der negativ direkt verfrachtete Anteil wird gleichfalls vom Punkte des Bewegungsbeginns an größer, wächst aber vom Punkte der Geschwindigkeitstrennung wegen des geringen Geschwindigkeitsanstieges der negativen Komponente weniger stark an als der Anteil der positiven Komponente, erreicht schon vor dem Brechpunkt einen Höchstwert und fällt zum Brechpunkt hin wieder ab (Abb. 31, Linie 2).

Die Addition beider Linien ergibt die Überschußlinie der direkt verfrachteten Sinkstoffe, die an jeder Stelle des Hanges Auskunft über die relative Größe und Bewegungsrichtung der direkt verfrachteten Überschußmenge geben kann (Abb. 31, Linie 3).

Durch die direkt verfrachteten Anteile werden im allgemeinen die gröberen Fraktionen des Hangmaterials verfrachtet. Da der Überschuß dieser Anteile stets positiv gerichtet ist, werden die gröberen Fraktionen eines nicht mit der Welle im Gleichgewicht stehenden Hanges zur Küste verlagert.

Werden in gleicher Form die durch den Wirbel gehenden Sinkstoffmengen aufgetragen, so können nur die Teilchen in Betracht gezogen werden, die vor Ablauf der Wellenperiode auf die Seesohle abgesunken sind. Unter dieser Bedingung wird der in positiver Richtung transportierte Anteil, der aus dem Leewirbel der negativen Komponente hervorgeht, vom Punkte des Bewegungsbeginns bis zu einem Höchstwert größer und nimmt bis zum Brechpunkt wieder ab. Bevor aber der Sinkstoffanteil seinen Höchstwert erreicht, tritt häufig eine Unterteilung dieser Massenlinien in einen positiv und negativ verfrachteten Ast ein. Die Ursache dieser Unterteilung liegt in der starken Abnahme der Dauer der positiven Komponente, die einen

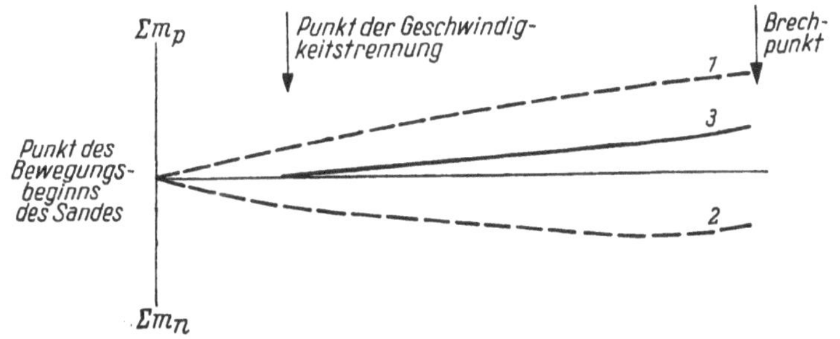

Abb. 31. Massenlinien der direkt verfrachteten Sinkstoffanteile der Strecke: Punkt des Bewegungsbeginns—Brechpunkt

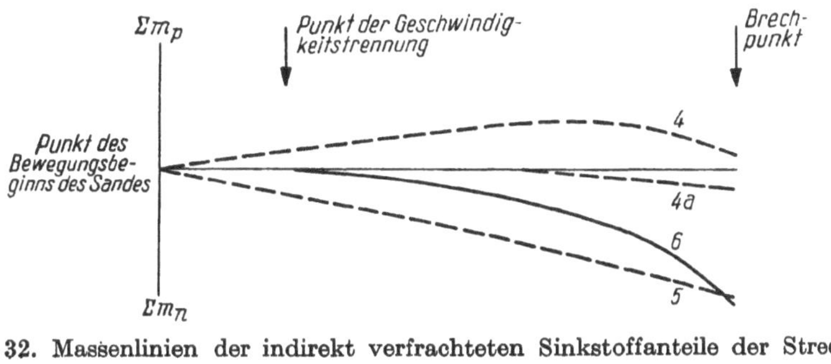

Abb. 32. Massenlinien der indirekt verfrachteten Sinkstoffanteile der Strecke: Punkt des Bewegungsbeginns—Brechpunkt

mehr oder weniger großen Betrag der aufgewirbelten Sandpartikel schwebend in den Bereich der negativen Schwingungskomponente gelangen läßt (Abb. 32, Linien 4 und 4a).

Die in negativer Richtung transportierte Sandmenge, die aus dem Leewirbel der positiven Bewegung stammt, muß vom Punkte der Geschwindigkeitstrennung an größer sein als die positiv transportierte Menge, weil die zugehörige Geschwindigkeit der positiven Schwingungskomponente stets größer als die der negativen Komponente ist (Abb. 32, Linie 5).

Die Addition der Massenlinien ergibt die Überschußlinie der durch den Wirbel gehenden Sinkstoffmenge (Abb. 32, Linie 6). Die Überschußmenge dieser Anteile ist stets negativ gerichtet, so daß die feineren Fraktionen eines mit der Welle nicht im Gleichgewicht stehenden Hanges seewärts transportiert werden.

Zur Erfassung des gesamten Überschusses müssen die aus den Massenlinien hervorgehenden Überschußlinien addiert werden. Bei dieser Addition ist zu berücksichtigen, daß das Verhältnis der direkt verfrachteten zu den indirekt verfrachteten Sinkstoffmengen von der Wellenhöhe und der mittleren Korngröße des Hangmaterials abhängt. Denn je größer die Geschwindigkeit der Oszillationskomponenten oder je feiner das Sandgemisch ist, um so größer werden die Anteile der vom Wirbel erfaßten Sandmenge an der insgesamt bewegten Sandmenge, oder umgekehrt, je kleiner die Welle und je gröber das Korn, um so größer ist der Anteil der direkt verfrachteten Sinkstoffmenge. Diese Erscheinung kann durch ein Verhältnis, und zwar das der Wellenhöhe zum mittleren Korndurchmesser erfaßt werden. Die Größe des Verhältnisses, die durch die Wellenhöhe wie durch die Zusammensetzung des Korngemisches festgelegt ist, wird zur ausschlaggebenden Bedeutung für sämtliche wellenbedingte Vorgänge auf der Schorre und läßt in groben Zügen die Entwicklungsprozesse auf der Schorre vorausbestimmen. So können z. B. bei gleichem Verhältniswert sowohl große Wellen und grobes Korn wie kleine Wellen und feines Korn ähnliche Entwicklungsvorgänge auf der Schorre hervorrufen.

Wird der Betrag der Gesamtüberschußmenge an jedem Punkt der Strecke vom Punkte des Bewegungsbeginns bis zum Brechpunkt mit 100% angesetzt, die Strecke selbst als Abszisse und die Beträge der direkt wie indirekt verfrachteten Überschußmengen in Prozenten als Ordinaten eines rechtwinkligen Koordinatensystems aufgetragen, so sind je nach Größe des Verhältniswertes viele Möglichkeiten der quantitativen Zusammenfassung der Überschußlinien gegeben. Zwei Möglichkeiten, und zwar die eines großen und die eines kleinen Verhältniswertes sind besonders geeignet, die Vorgänge auf dem strandnahen Unterwasserhang zu charakterisieren.

Bei jedem Wert des Verhältnisses von Wellenhöhe/Korngröße ist am Punkte des Bewegungsbeginns des Sandes die Wirkung der Leewirbel stets klein. Der Betrag der direkt verfrachteten Überschußmenge beträgt dort fast 100%, der Betrag, der durch den Wirbel geht, fast 0% der gesamten Überschußmenge.

Ist die Wellenhöhe im Verhältnis zum Korndurchmesser groß, wird mit zunehmender Geschwindigkeit der Wasserteilchen der Betrag der durch die Wirbel gehenden Überschußmenge größer und wächst noch vor dem Brechpunkt über den Betrag der direkt verfrachteten Überschußmenge hinaus (Abb. 33, Hauptfall 1).

Ist die Wellenhöhe im Verhältnis zum Korngemisch klein, wird mit abnehmender Wassertiefe der Betrag der durch den Wirbel gehenden Überschußmenge zwar größer, erreicht aber bis zum Brechpunkt nicht die Größe des direkt verfrachteten Überschußbetrages (Abb. 33, Hauptfall 2).

Addiert man die Überschußlinien nach diesen Gesichtspunkten, so verläuft im Hauptfall 1 die gemeinsame Überschußlinie, ausgehend vom Punkte der Geschwindigkeitstrennung, zunächst im positiven Bereich. Sie schwenkt wegen des hohen Betrages der indirekt verfrachteten Sandmenge frühzeitig in den negativen Bereich ab und erreicht im Brechpunkt große negative Werte. Der Schnittpunkt A der Überschußlinie mit der Abszisse kennzeichnet einen Konvergenzpunkt der Sinkstoffbewegung (Abb. 34).

Im Hauptfall 2 verbleibt die gemeinsame Überschußlinie, bedingt durch den relativ großen Betrag der direkt verfrachteten Sandmenge im positiven Bereich, fällt aber nach dem Anstieg zum Brechpunkt hin wieder ab (Abb. 35).

In relativ kleinem Maße nimmt der Wellentyp Einfluß auf die Form der Überschußlinie. Ein Vergleich, der unter der Voraussetzung gleicher Wellenhöhen zwischen kurzer und langer Welle durchgeführt wird, zeigt, daß die Strecke der Bodenberührung für die kürzere Welle kleiner und die Geschwindigkeit der positiven Oszillationskomponente an der Sohle durchschnittlich etwas geringer, die der negativen Komponente etwas größer ist. Damit beginnt die Überschußlinie der kürzeren Welle in geringerer Wassertiefe und wird geringfügig zugunsten des positiven Bereiches verschoben (Abb. 36, Linie 2).

Die windgedrückte Welle veranlaßt unter der Voraussetzung gleicher Wellenabmessungen durch ihre veränderte Form und die frühzeitigere Betonung der positiven Schwingungskomponente eine Verschiebung der Überschußlinie der direkt verfrachteten Sinkstoffe zugunsten des positiven Bereiches. Dagegen wird die Überschußlinie der durch den Wirbel gehenden Sinkstoffe so weit in den negativen Bereich verschoben, daß im Endeffekt in der gemeinsamen Überschußlinie der Punkt des ausgewogenen Massentransportes, d. h. der Schnittpunkt der Überschußlinie mit der Abszisse nach seewärts verlegt wird (Abb. 36, Linie 3).

Nach diesen Überlegungen weisen die durch den Einfluß der Wellen gleicher Höhe aber unterschiedlichen Typs entstandenen Überschußlinien nur geringe Verschiebungen auf, ohne grundsätzliche Abweichungen zu zeigen. Da die Überschußlinie bekanntlich den instabilen Zustand des Hanges wiedergibt, wird die Entwicklung des Hangreliefs unter einer windgedrückten Welle ähnlich der unter einer Dünungswelle. Es ist also nicht der Dünungswelle

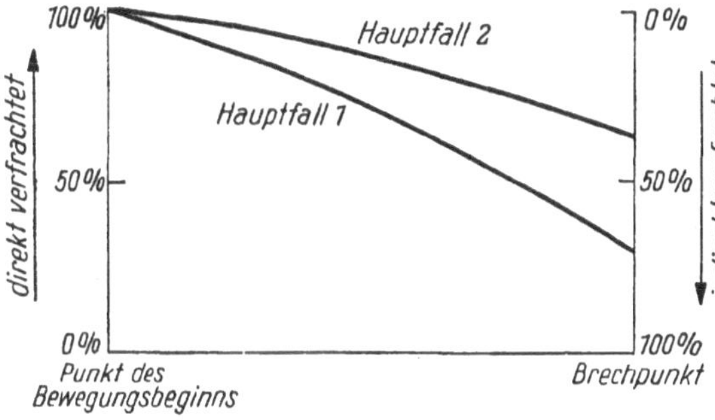

Abb. 33. Charakteristische Linien der quantitativen Zusammenfassung der Überschußlinien

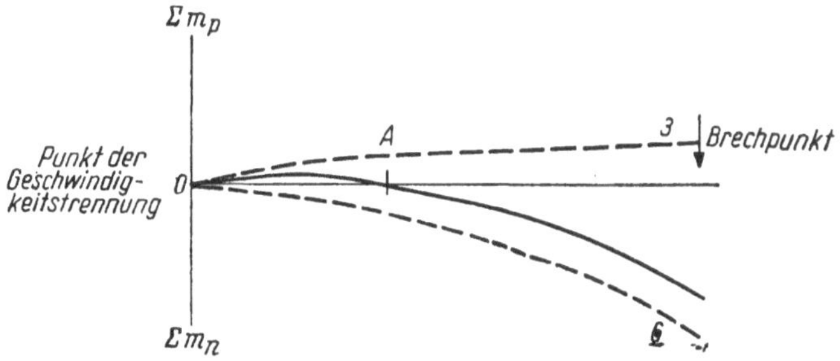

Abb. 34. Überschußlinie der Strecke: Punkt der Geschwindigkeitstrennung—Brechpunkt, Hauptfall 1

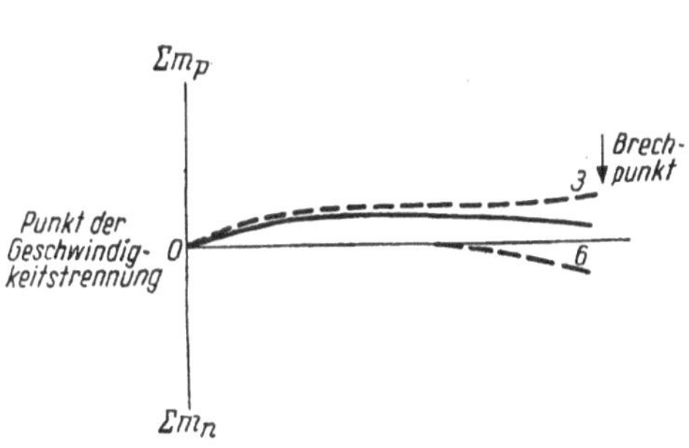

Abb. 35. Überschußlinie der Strecke: Geschwindigkeitstrennung—Brechpunkt, Hauptfall 2

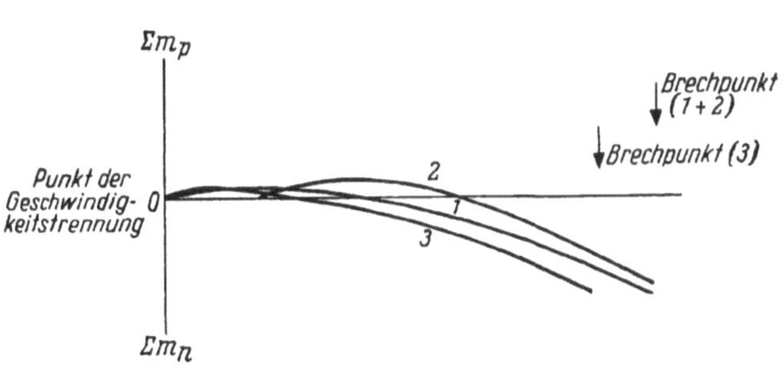

Abb. 36. Überschußlinien verschiedener Wellenarten gleicher Höhen

1 Dünungswelle normaler Länge

2 Kurze Dünungswelle

3 Windwelle

vorbehalten, die markanten Formen zu bilden, sondern die windgedrückte Welle ist gleichberechtigt am Aufbau des Hangreliefs beteiligt, d. h., daß unter einer windgedrückten Welle die Umbildung des Hangreliefs ebenfalls möglich ist.

3.43.2 *Massen- und Überschußlinien landseits des Brechpunktes*

Für die Strecke zwischen Brechpunkt und Wasserlinie können ebenfalls Überschußlinien gezeichnet werden, bei deren Entwicklung aber berücksichtigt werden muß, daß die rotierende Bewegung der Wasserteilchen allmählich in eine translatorische Bewegung übergeht. Der vom Brechpunkt fortlaufende Brecher ist bei unverformtem Unterwasserhang bekanntlich vom schäumenden Typ. Die Länge seines Laufweges richtet sich nach der Neigung des Hanges und ist bei flacher Neigung größer. Die aus dem schäumenden Brecher entstehende kleinere Welle besitzt von vornherein wie der schäumende Brecher einen hohen Störzustand, der durch eine relativ große Geschwindigkeit der positiven Oszillationskomponente gekennzeichnet ist.

Werden nun wieder eine gleichmäßig geneigte Schorre und ein gleichmäßig verteiltes Korngemisch vorausgesetzt, außerdem angenommen, daß die Welle bis zur Wasserlinie nicht mehr bricht, ergeben sich für die Sinkstoffbewegung folgende Linien, wenn als Abszisse der Weg vom Brechpunkt bis zur Wasserlinie und als Ordinate die Masse der bewegten Sinkstoffe, getrennt nach direkt verfrachteten und durch den Wirbel gehenden Anteilen, aufgetragen wird.

Der unter der positiven Bewegung direkt transportierte Anteil beginnt am Brechpunkt mit einem relativ hohen Betrage, der aber auf dem Wege des schäumenden Brechers mit abnehmender Wellenenergie langsam abnimmt. Unter der anschließenden kleineren Welle verringert sich sein Betrag weiterhin und fällt an der Wasserlinie auf den Wert Null ab (Abb. 37, Linie 1). Der negativ verfrachtete Anteil hat vom Brechpunkt an bis zur Wasserlinie stets kleinere Beträge (Abb. 37, Linie 2), so daß bei der Addition der Massenlinien die Überschußlinie der direkt verfrachteten Sinkstoffanteile im positiven Bereich verläuft (Abb. 37, Linie 3).

Der in positiver Richtung indirekt transportierte Sandanteil, der aus dem Leewirbel der negativen Schwingungskomponente stammt, nimmt vom Brechpunkt an bis zur Wasserlinie ständig bis auf Null ab (Abb. 38, Linie 4), da die negative Komponente mit abnehmender Wassertiefe erlahmt und damit die Sinkstoffmenge ihres Leewirbels kleiner wird. Dieser Anteil bleibt stets kleiner als der Anteil, der aus dem Leewirbel der stärkeren positiven Bewegung hervorgeht. Die Massenlinie des letztgenannten Anteils teilt sich schon vom Brechpunkt an in einen positiv und negativ verfrachteten Ast (Abb. 38, Linien 5 und 5a). Der aus der Teilung hervorgehende positive Anteil ist zunächst klein, wächst aber mit stärker werdender Translationsbewegung der Wasserteilchen und fällt dann zur Wasserlinie hin steil ab. Der zur positiven Schwingungskomponente zugehörige negative Anteil besitzt auf Grund der hohen Geschwindigkeit der positiven Schwingungskomponente und der noch geringen translatorischen Bewegung an der Sohle in der Nähe des Brechpunktes sehr hohe Beträge, die mit abnehmender Wassertiefe kleiner und noch vor der Wasserlinie zu Null werden. Die Summe der Massenlinien ergibt die Überschußlinie der durch den Wirbel gehenden Sinkstoffe (Abb. 38, Linie 6).

Bei der Addition der Überschußlinien ist wieder zu berücksichtigen, daß ihr Verhältnis größenmäßig bestimmt wird durch das Verhältnis Wellenhöhe/Korngröße. Aus den vielen möglichen Fällen ergeben sich die schon genannten Hauptfälle. Im Hauptfall 1, der die Verbindung von hoher Welle mit relativ feinem Korn darstellt, verläuft die gemeinsame Überschußlinie vom Brechpunkt ausgehend im negativen Bereich (Abb. 39).

Sie geht allerdings auf dem Wege zur Wasserlinie in den positiven Bereich über und fällt an der Wasserlinie auf Null ab. Im Bereich zwischen Brechpunkt und Wasserlinie, im Schnittpunkt B zwischen Kurve und Abszisse, entsteht ein Divergenzpunkt der Sinkstoffbewegung.

Im Hauptfall 2, der eine kleinere Welle mit relativ grobem Korn verbindet, verläuft die gemeinsame Überschußlinie ausschließlich in positivem Bereich, fällt aber nach einem kurzen Anstieg zur Wasserlinie hin wieder ab (Abb. 40).

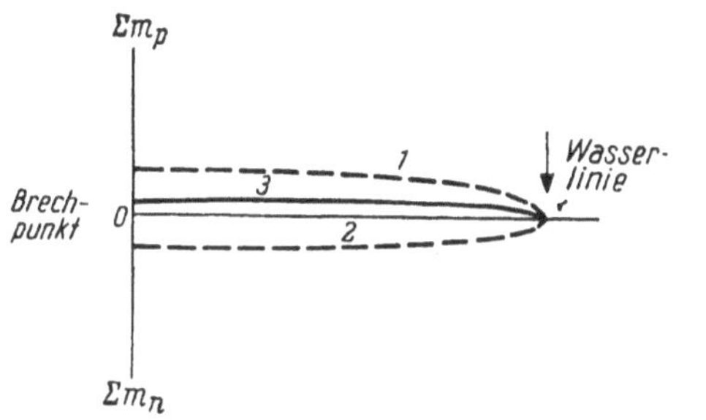

Abb. 37. Massenlinien der direkt verfrachteten Sinkstoffanteile der Strecke: Brechpunkt—Wasserlinie

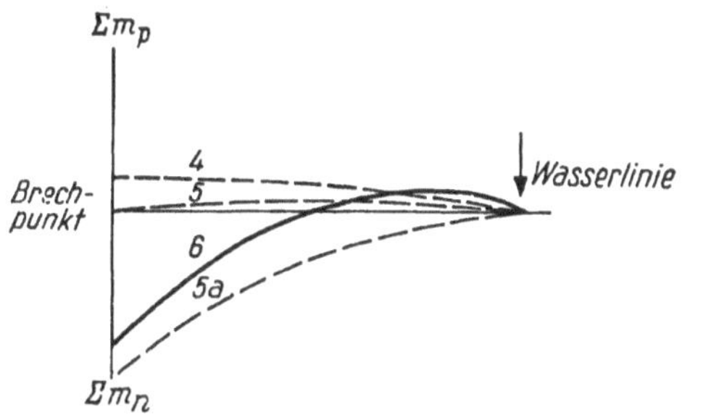

Abb. 38. Massenlinien der indirekt verfrachteten Sinkstoffanteile der Strecke: Brechpunkt—Wasserlinie

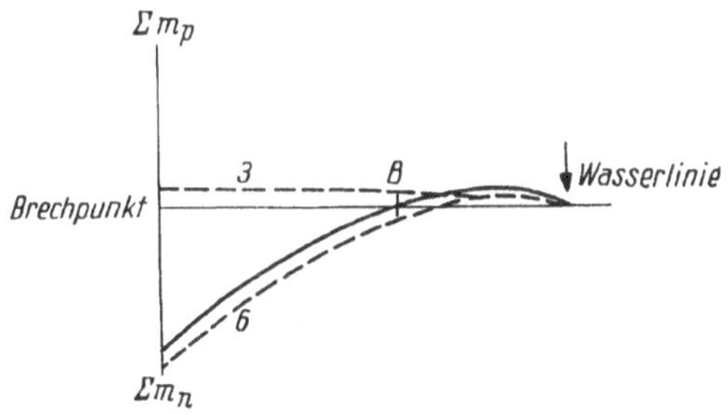

Abb. 39. Überschußlinie der Strecke: Brechpunkt—Wasserlinie, Hauptfall 1

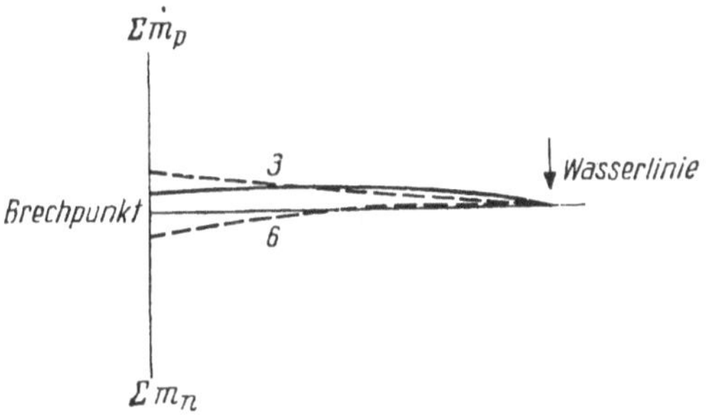

Abb. 40. Überschußlinie der Strecke: Brechpunkt—Wasserlinie, Hauptfall 2

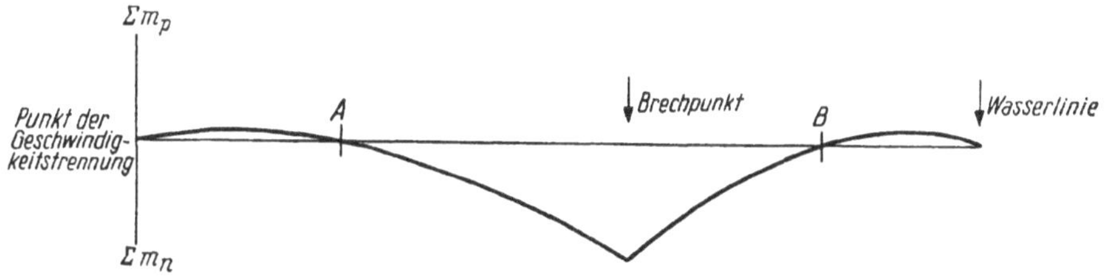

Abb. 41. Überschußlinie des gesamten Wirkungsbereiches der Welle, Hauptfall 1

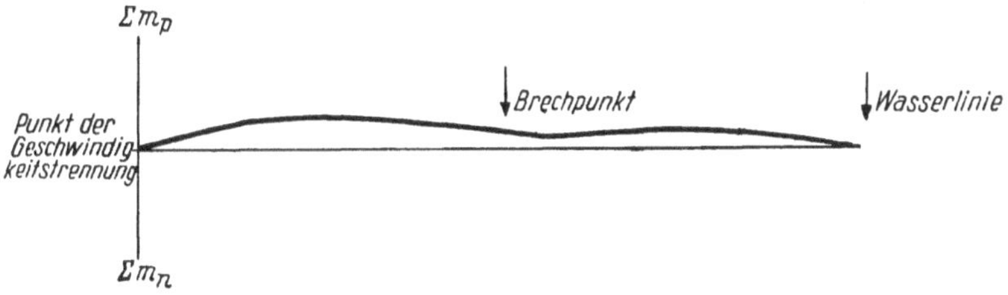

Abb. 42. Überschußlinie des gesamten Wirkungsbereiches der Welle, Hauptfall 2

3.43.3 *Überschußlinien des gesamten Bereiches*

Der gesamte Wirkungsbereich der Welle kann so durch eine ihr eigene Überschußlinie gekennzeichnet werden, und zwar bewegt sich im Hauptfall 1 die gemeinsame Überschußlinie zwischen dem Punkte der Geschwindigkeitstrennung und der Wasserlinie fast ausschließlich im negativen Bereich mit Extremwerten in der Brecherzone (Abb. 41). Lediglich am Punkte der Geschwindigkeitstrennung und in der Nähe der Wasserlinie ergeben sich kleine Zonen, die im positiven Bereich liegen. Der Treffpunkt der Überschußlinie mit der Abszisse kennzeichnet bei A einen Konvergenzpunkt, bei B einen Divergenzpunkt der Sinkstoffbewegung.

Im Hauptfall 2 verläuft die gemeinsame Überschußlinie durchweg im positiven Bereich mit einer Senkung der Linie in der Brecherzone (Abb. 42). Der Konvergenzpunkt A und der Divergenzpunkt B treten im Hauptfall 2 nicht auf. Zwischen diesen Extremfällen kann die Überschußlinie durch Variation der Wellen- oder Korngrößen mancherlei Übergangsformen annehmen.

3.44 Gleichgewichtsbedingungen

Die Bewegung der Sinkstoffe und die damit verbundene Verformung der Schorre ist bestimmt durch das Bestreben zum Gleichgewicht. Bei der Deutung der Vorgänge ist zu berücksichtigen, daß das Gleichgewicht nicht einseitig aus der Verformung der Schorre entsteht, sondern daß die Welle mit der Änderung des Reliefs weitere Änderungen ihrer Eigenschaften erfährt, die maßgeblich an der Gleichgewichtsbildung beteiligt sind. Diese Tatsache wurde bei der bisherigen Anschauung nicht berücksichtigt, vielmehr wurde das Gleichgewicht durch das Wirken wie es scheint nebensächlicher Faktoren zu erklären versucht, wie z. B. durch das Auftreten der Schwerkraftkomponenten des Kornes, die der positiven Verlagerungstendenz des Kornes bei entsprechend seewärtiger Hangneigung entgegenwirken und die Sinkstoffbewegung ausgleichen soll [48]. Das würde aber heißen, daß einer bestimmten Hangneigung eine bestimmte einheitliche Korngröße entsprechen muß, und daß der Leehang eines Riffes ausschließlich aus Sinkstoffen aufgebaut wird, die dem seeseitigen Teil des Unterwasserhanges entstammen. Diese Bedingungen sind in der Natur nicht anzutreffen. Außerdem ist nicht einzusehen, wie über Riffeln, deren Hänge vielseitige Neigungen besitzen, für das suspendierte Material die Schwerkraftskomponente wirksam werden soll.

Ein weiterer Faktor, der bislang für die Gestaltung der Hangneigung verantwortlich gemacht wird, ist die Komponente der Sinkgeschwindigkeit des Kornes [46]. Diese Komponente wirkt auf einen seeseitigen Hang der stärkeren positiven Oszillationsgeschwindigkeit entgegen und unterstützt die schwächere negative Geschwindigkeit der Wasserpartikel, wodurch ein Ausgleich der zurückgelegten Wege des Kornes eintreten soll. Die Komponente der Sinkstoffgeschwindigkeit des Kornes ist aber sehr klein im Vergleich zu den hohen Oszillationsgeschwindigkeiten, so daß der komplizierte Vorgang der Gleichgewichtsbildung durch diesen Faktor nicht ursächlich erfaßt werden kann.

Wenn man das Relief einer Schorre mit seinen vielseitigen Neigungen und Formen betrachtet, wird es klar, daß der Gleichgewichtszustand über die gesamte Fläche nicht durch den Einfluß eines einzigen Faktors herbeigeführt wird, sondern daß dieser Zustand nur das Ergebnis eines Zusammenspiels verschiedener Faktoren sein kann. Eindeutig steht fest, daß an einem Punkt der Schorre dann ein Gleichgewicht eintritt, wenn die Summe der an diesem Punkte ankommenden Kornmassen gleich der Summe der von diesem Ort entnommenen Kornmasse ist. Dabei kann der Sonderfall eintreten, daß die bewegte Sandmasse aus gleichen Anteilen gleicher Kornfraktionen besteht, das bedeutet, daß neben dem Gleichgewicht des Profils ein Gleichgewicht in der Sinkstoffbewegung eintritt. Dieser Sonderfall ist aber zur Charakterisierung des Gleichgewichtszustandes des Hangreliefs nicht unbedingt erforderlich.

Eine positive Verlagerung des Überschusses, die unter dem positiven Ast der Überschußlinie besteht, ist nur dann auszugleichen, wenn

1. bei gleichbleibenden Wellendimensionen das Korngemisch verfeinert oder umgekehrt, bei gleichem Korngemisch die Welle vergrößert wird.

   In beiden Fällen verstärken sich die durch die Leewirbel gehenden Anteile der bewegten Sinkstoffe, und da der Überschuß dieser Anteile negativ gerichtet ist, nimmt die negativ verfrachtete Sinkstoffmenge zu bis der Ausgleich der Massen erreicht ist.

2. der Geschwindigkeitsunterschied der Oszillationskomponenten sich ausgleicht, so daß positive wie negative Verlagerungstendenz gleich groß werden.

   Die Ursache des Geschwindigkeitsausgleichs liegt vermutlich in der Gravitationskomponente der Wasssermasse, die über stärker geneigten Hängen die Geschwindigkeit der positiven Komponente hemmt und die der negativen beschleunigt. Jeder Geschwindigkeitsunterschied kann so durch eine bestimmte Hangneigung ausgeglichen werden. Sowohl in der Rifform wie in der Sinkstoffbewegung tritt in diesem Fall Gleichgewicht ein.

Der Überschuß in negativer Richtung, der unter dem negativen Ast der Überschußlinie besteht, ist auszugleichen, sobald

1. das Korngemisch bei gleichbleibenden Wellendimensionen gröber oder bei gleichbleibendem Korngemisch die Welle kleiner wird, somit das Gewicht der Sinkstoffbewegung mehr auf die direkt verfrachteten Anteile übergeht, deren Überschuß positiv gerichtet ist.
2. der Unterschied der Oszillationsgeschwindigkeit und damit die Verlagerungstendenz in negativer Richtung nicht mehr auftritt.
3. die Geschwindigkeit der negativen Oszillationskomponente größer als die der positiven, dagegen die Zeitdauer der positiven Komponente sehr viel kleiner als die der negativen wird.

   Unter diesen Voraussetzungen wechselt der direkt verfrachtete Überschuß seine Richtung von positiv auf negativ bzw. der indirekt verfrachtete Überschuß seine Richtung von negativ auf positiv. Der theoretisch nun positiv gerichtete Gesamtüberschuß kann sich nicht ausbilden, weil ein Teil der vom Leewirbel der negativen Komponente aufgenommenen Sinkstoffe nicht wie üblich in positiver Richtung verlagert wird, sondern schwebend in den Bereich der negativen Komponente gelangt.

4. die rotierende Bewegung der Wasserteilchen zum Teil in eine translatorische übergeht und damit der in negativer Richtung verlagernde Sinkstoffanteil, der aus dem Leewirbel der positiven Bewegung hervorgeht, seine Richtung teilweise ändert, so daß ein Ausgleich der Massen eintreten kann.

Diese Vorgänge sind es, die im wesentlichen den Gleichgewichtszustand zwischen der Welle und dem Relief des strandnahen Unterwasserhanges herbeiführen.

3.45 Ausbildung des Reliefs unter den Überschußlinien

Das Material eines geradlinig geneigten Unterwasserhanges sucht den durch die Welle hervorgerufenen instabilen Zustand, der durch die Überschußlinien gekennzeichnet ist, auszugleichen und eine Front gegen den Materialversatz senkrecht zur Wasserlinie aufzurichten. Der Aufbau der Front oder die Umbildung des Hanges richtet sich nach dem größten auf die Küstenstrecke treffenden Seegang. Das Relief ist ausgebildet, wenn der Zustand des Gleichgewichtes zwischen Welle und Hangform eintritt, der durch die im vorigen Abschnitt beschriebenen Bedingungen zu erreichen ist.

Ein seewärts geneigter strandnaher Hang, der von großen Wellen überlaufen wird, verlangt im wesentlichen zwei Gleichgewichtsbedingungen: einmal die des Ausgleichs des Geschwindigkeitsunterschiedes der Oszillationskomponenten, zum anderen die Bedingung der größeren Geschwindigkeit der negativen Komponente in Verbindung mit der Abnahme der Dauer der positiven Komponente. Beide Bedingungen fordern zum Ausgleich der Sinkstoffmengen für jeden Geschwindigkeitsunterschied eine bestimmte Hangneigung, die, aneinandergereiht, einen konkav gekrümmten Hang ergeben würden, der theoretisch die Strecke vom Punkte der Geschwindigkeitstrennung bis zum Brechpunkt überdecken müßte. Diese Forderung ist speziell bei flachen Unterwasserhängen nicht zu erfüllen. Der Aufbau der gegen die See gerichteten Front erfolgt daher durch eine Aufgliederung des verlangten konkav-konvexen Hanges in Teilhänge, die voneinander unterschiedliche Abstände und abweichende Neigungen wie Höhen besitzen. Die Anzahl der Teilhänge oder Riffe wird durch mehrere miteinander verknüpfte Faktoren, wie Wellenhöhe, Hangneigung, Korngröße u. a. bestimmt.

3.45.1 *Ausbildung des Reliefs bei großem Verhältnis Wellenhöhe/mittlerer Korndurchmesser*

Die Entwicklung der Teilhänge ist aus den gemeinsamen Überschußlinien für jegliche Welle und Korngröße leicht abzuleiten. Im Beispiel des Hauptfalles 1, der ein großes Verhältnis von Wellenhöhe zur Korngröße voraussetzt, beginnt eine Materialwanderung, die, abgesehen von kleineren Strecken, und zwar vom Punkte des Bewegungsbeginns bis zum Konvergenzpunkt A sowie vom Divergenzpunkt B bis zur Wasserlinie, im Bereich A—B ausschließlich in negativer Richtung, also seewärts verläuft (Abb. 43).

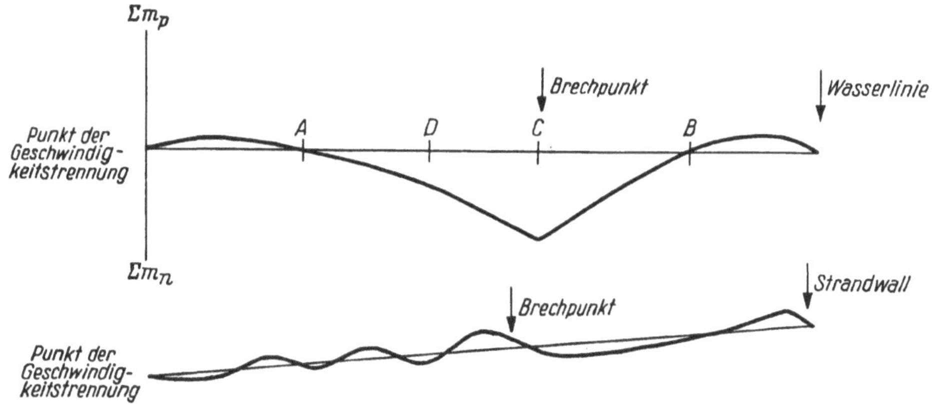

Abb. 43. Das Ausbilden des Hangreliefs im Hauptfall 1

Unter der Voraussetzung, daß der Unterwasserhang gleichmäßig geneigt und mit einer genügend starken Sandschicht bedeckt ist, daß außerdem keine uferparallele Strömung besteht, bewegt sich vom Punkt B, dem Divergenzpunkt der Massenbewegung an, der Überschuß sowohl in positiver wie negativer Richtung von dem Punkt B fort. Die anschließende kleine positive Strecke der Überschußlinie läßt unter ihrem ansteigenden positiven Ast, der auf einen größeren Ab- als Antransport hindeutet, eine Vertiefung und unter dem abfallenden Ast, der einen größeren An- als Abtransport kennzeichnet, die Erhöhung der Sohle kurz vor der Wasserlinie entstehen, die zur Ausbildung des Strandwalls führt. Diese Bewegung geht zunächst sehr langsam vor sich, weil die Überschußmengen in positiver Richtung nur gering sind und der Punkt B relativ nah an der Wasserlinie liegt. Am entgegengesetzten Ende der Überschußlinie setzt vom Punkte der Geschwindigkeitstrennung bis zum Konvergenzpunkt A gleichfalls eine positive Verlagerung der Sinkstoffe ein, die wieder unter dem ansteigenden Ast zu einer Vertiefung und vor dem Punkte A unter dem abfallenden Ast zu einer Erhöhung der Sohle führt. Vom Punkte B aus nach seewärts verlagern sich die Sinkstoffe mit wachsendem Überschuß unter dem abfallenden negativen Ast der Überschußlinie in negativer Richtung, so daß zwischen dem Punkte B und dem Brechpunkt des schäumenden Brechers eine Vertiefung entsteht. Seewärts des Brechpunktes C tritt unter dem ansteigenden Ast durch die abnehmende negative Transporttendenz eine Erhöhung der Sohle ein, die aber in Abschnitten vor sich geht, da der Anfall der Sinkstoffmenge auf der gesamten Strecke des anwachsenden negativen Astes nicht gleichmäßig erfolgt. Während in größeren Wassertiefen die Anhäufung der Sinkstoffe sehr langsam beginnt, ist seewärts des Brechpunktes bis etwa zu dem Punkt D das Aufhören der Sohle äußerst lebhaft. Der große Materialanfall aus dem Gebiet zwischen Brechpunkt und Divergenzpunkt B läßt bald eine Sandanhäufung entstehen, auf deren steiler werdenden Luvhang die negativ gerichtete Verlagerungstendenz abgebremst wird. Die Annäherung an das Gleichgewicht der Sinkstoffbewegung auf dem Luvhang, die zunächst schnell, dann langsamer erfolgt, wird durch die veränderten Geschwindigkeiten der Wasserpartikel über den Riffen verursacht, da, wie schon erwähnt, mit steiler werdendem Luvhang vermutlich die Gravitationskomponenten der Wassermasse einen Ausgleich des Geschwindigkeitsunterschiedes der Oszillationskomponenten herbeiführt. Als Folge des verringerten Sinkstoffnachschubes wird die negative Verlagerungstendenz seewärts des Punktes D stärker als auf dem Luvhang der ersten Sandanhäufung, so daß der Punkt D seine Höhenlage beibehält und später sogar vertieft, sobald eine neue Sandanhäufung seewärts des Punktes D entstanden ist, auf deren Luvhang nun wieder ein Ausgleich der Sinkstoffwanderung einsetzt. Der Vorgang kann sich bis zum Punkte, an dem die Geschwindigkeitsdifferenz der Wasserpartikel entsteht, des öfteren wiederholen, so daß eine Front aus Teilhängen entwickelt wird, deren Neigungen den Geschwindigkeitsunterschieden entsprechen und mit zunehmender Wassertiefe flacher werden.

3.45.2 *Ausbildung des Reliefs bei kleinem Verhältnis Wellenhöhe/mittlerer Korndurchmesser*

Anhand der Überschußlinie des Hauptfalls 2, die eine Verbindung von kleiner Welle mit mittlerem Korngemisch oder größerer Welle mit grobem Korngemisch darstellt, und die ausschließlich im positiven Bereich verläuft, ist die Umbildung der Schorre einfacher zu deuten. Zunächst wird der Bereich, in dem die Sinkstoffe wandern, sehr viel kleiner als der Bereich, der unter der Voraussetzung des Hauptfalls 1 entsteht. Ebenso ist es möglich, daß dem Punkt, an dem die Trennung der Geschwindigkeitsgrößen einsetzt, nicht mehr die bisherige Bedeutung zukommt, weil der Punkt des Bewegungsbeginns weiter landwärts liegen kann.

Vom Punkte des Bewegungsbeginns oder der Geschwindigkeitstrennung an bis zum Brechpunkt entsteht unter dem ansteigenden Ast der Überschußlinie eine Vertiefung und unter dem abfallenden eine Erhöhung der Sohle (Abb. 44).

Da die Überschußlinie keinen Schnittpunkt mit der Abszisse hat, durchwandert der Überschuß den Brecher in positiver Richtung. Der Überschuß unter der Übertragungswelle sowie unter der anschließenden hochgestörten Welle bewegt sich ebenfalls in positiver Richtung, so daß ein ständiges Wandern der Überschußmenge in Richtung der Wasserlinie einsetzt. Da im gesamten Bereich der bewegten Sinkstoffe kein Punkt des Gleichgewichtes auftritt, ist die vor dem Brechpunkt entstehende Anhäufungszone nicht als Riff anzusprechen, zumal bei genügender Materialzufuhr die Sandanhäufung so anwachsen kann, daß sich der Brecher auf ihren Luvhang verlegt und die Anhäufung in Form einer Sandbank zur Wasserlinie wandert.

3.45.3 *Ausbildung des Hangreliefs im Grenzfall*

Die geschilderten Entwicklungen der möglichen Hangformen, Sandbank oder Riff, lassen erkennen, daß zwischen den extremen Verhältnissen Wellenhöhe/mittleren Korndurchmesser ein Verhältniswert bestehen muß, bei dem die Entwicklung der Rifform noch eben möglich ist. Dieser Grenzfall ist daraus abzuleiten, daß ein Riff im Gegensatz zu einer Sandbank eine

Gleichgewichtsform darstellt, und dem nach im Bereich des Leehanges des entstehenden Riffes zunächst eine negative Überschußtendenz herrschen muß, weil der Gleichgewichtszustand auf einem landseits geneigten Hang nur aus einer negativen Überschußtendenz hervorgehen kann, die der positiven Verlagerung unter der anwachsenden translatorischen Bewegung der Wasserteilchen entgegenwirkt.

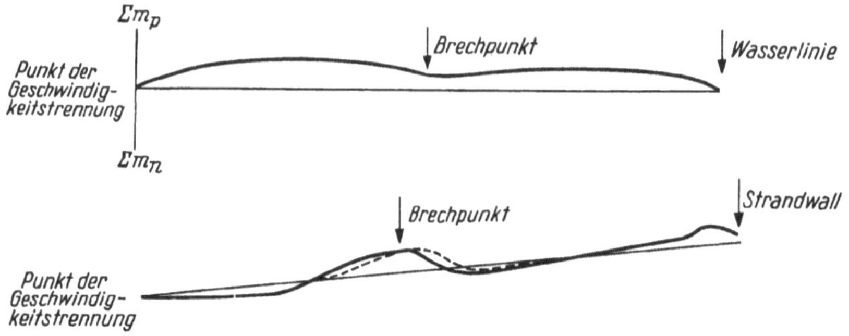

Abb. 44. Das Ausbilden des Hangreliefs im Hauptfall 2

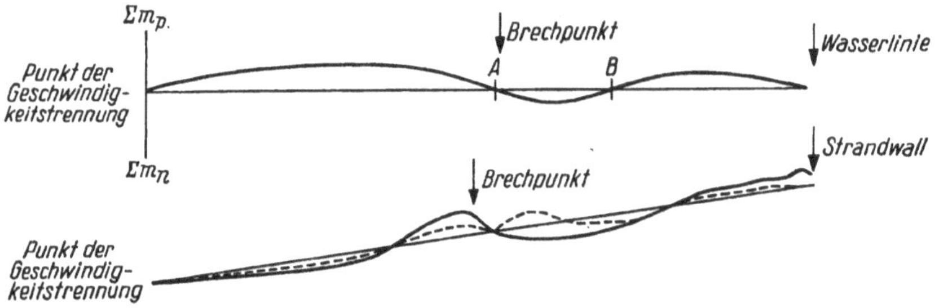

Abb. 45. Das Ausbilden des Hangreliefs im Grenzfall

Unter der Überschußlinie des Grenzfalls wandert die Sandmenge vom Punkt des Bewegungsbeginns in positiver Richtung auf den Konvergenzpunkt A zu (Abb. 45). Dabei entsteht unter dem ansteigenden und abfallenden Ast des positiven Teils der Überschußlinie eine Vertiefung mit anschließender Erhöhung der Sohle. Unter dem negativen Teil der Linie folgt der an sich gleiche, aber entgegengesetzte Vorgang, so daß sowohl seewärts wie landseits des Punktes A Anhäufungszonen entstehen. Mit der Vergrößerung der seeseitigen Anhäufung erlahmt auf ihrem Luvhang der positive Überschuß. Die verringerte Wassertiefe über dieser Anhäufungszone läßt den Konvergenzpunkt A über den Leehang zum Kamm wandern, so daß die landwärts anschließende Zone des negativen Überschusses, die ebenfalls seewärts gewandert ist, die landseitige Anhäufung abtragen kann. Somit vereinigt sich das Material beider Anhäufungen in einem Riff.

Die beschriebenen Gesetzmäßigkeiten lassen erkennen, daß das Verhältnis von Wellenhöhe und Korngröße das Problem der Riffbildung beherrscht und gleichzeitig das Ursprungsgebiet des Aufbaumaterials bestimmt.

Riffbildend ist aber nur ein bestimmter Bereich des Verhältniswertes. Die untere Grenze des Bereiches ist mit der Forderung festgelegt, daß im Gebiet des späteren Leehanges ein genügend großer negativer Überschuß bestehen muß, aus dem der Gleichgewichtszustand hervorgehen kann. Die obere Grenze stellt der Verhältniswert dar, bei dem der größere Teil des suspendierten Materials die Periode schwebend überdauert und so der pulsierenden Strömung unter der Welle nicht mehr gehorchen kann. Nur untergeordnet macht sich der Wellentyp auf die Grenzen des Bereiches bemerkbar, weil das Abweichen der Geschwindigkeitswerte bei den verschiedenen Wellentypen keine entscheidende Bedeutung hat.

Ein Riffsystem aus mehreren Riffen wird nach der Überschußlinie des Hauptfalls 1 ausschließlich aus dem Material aufgebaut, das von dem oberen Teil des Hanges seewärts verfrachtet wird. Nur im Grenzfall, bei dem lediglich ein Riff entsteht, wird der Riffkörper zum Teil aus positiv, zum Teil aus negativ verfrachtetem Material aufgebaut. Außerdem ist anhand der Überschußlinie des Hauptfalls 1 eine Erklärung zu geben, warum Riffe in Wassertiefen zu finden sind, in denen die Bodenberührung noch keinen Wellenbruch hervorrufen kann. Das Entstehen der Ansätze zu den äußeren Naturriffen scheint demnach nicht an eine Brecherzone gebunden zu sein.

3.45.4 *Entwicklung der Formen des Hanges aus den Gleichgewichtsbedingungen*

Die Form der Riffe ist eine Frage des Gleichgewichtes. Der Luvhang des inneren Riffes erreicht den Gleichgewichtszustand mit der Welle, sobald seine Neigung den Ausgleich des Geschwindigkeitsunterschiedes der Wasserpartikel hervorruft. Damit wird die Neigung des Luvhanges abhängig von dem Geschwindigkeitsunterschied. Der Wellentyp wirkt sich insofern auf die Hangneigung aus, als der steileren Welle ein kleinerer Geschwindigkeitsunterschied entspricht, d. h. der Luvhang unter einer steileren Welle gleicher Höhe flacher wird. Hinzu kommt, daß bei langen Wellen derselben Höhe zum Ausgleich der bewegten Sandmassen eine größere Geschwindigkeit der negativen Komponente erforderlich wird, weil die Zeitdauer der positiven Komponente sehr kurz werden kann. Diese mit umgekehrten Vorzeichen versehene Differenz ruft eine geringfügig größere Hangneigung hervor, als nach dem ehemaligen Unterschied der Geschwindigkeiten der Oszillationskomponenten zu erwarten ist.

Der obere, in den Riffkamm übergehende Teil erhält seine konvexe Form durch das Entstehen und Anwachsen der Translationsbewegung der Wasserteilchen an der Sohle. Auch der obere Teil des Leehanges wie der Leehang selbst wird durch die weiter anwachsende translatorische Bewegung geformt, die bekanntlich den aus dem Leewirbel der positiven Komponente stammenden Anteil der Sinkstoffe nicht nur in negativer, sondern teilweise in positiver Richtung abgibt und so den Ausgleich der Sinkstoffe bewirkt.

In der strandseitigen Mulde des inneren Riffes, die aus dem starken Überschuß in negativer Richtung entstanden ist, wird durch die Entnahme der feineren Teile das Material laufend vergröbert. Da kein Ausgleich der Geschwindigkeiten der Oszillationskomponente einsetzt, ist die Veränderung des Materials die Bedingung, die das Gleichgewicht in der Massenbewegung herbeiführt. Mit wachsender Wassertiefe und aus dem Übergang zum Sturzbrecher hervorgehender Verkürzung des Laufweges des schäumenden Brechers wandert der Divergenzpunkt B nach seewärts. Ein verstärkter Überschuß in positiver Richtung setzt ein und baut eine sandbankartige Anhäufung gröberen Materials auf, aus der sich der Strandwall entwickelt, falls nicht die aus dem Brecher hervorgehende kleinere Welle den schon erwähnten negativen Überschuß auf der Leeseite der Anhäufungszone hervorruft und ein neues Riff in der Nähe der Wasserlinie entstehen läßt.

Wird aus der Anhäufung ein Strandwall gebildet, so geht die Sinkstoffbewegung auf seinem Luvhang unter dem einsetzenden Wechselspiel zwischen Schwall und Sog solange mit positivem Überschuß vor sich, bis ein Gleichgewicht bei einer bestimmten Neigung des Luvhanges einsetzt. Der Gleichgewichtszustand entwickelt sich einmal aus dem Ausgleich der Geschwindigkeit von Schwall und Sog, der mit Hilfe der Graviationskomponente der Wassermasse erreicht wird, zum anderen aus der Entmischung des Kornmaterials, wobei auf dem unteren Teil des Hanges das gröbere und auf dem oberen Teil das feinere Korn anlagert. Ein weiterer Faktor der Gleichgewichtsbildung entsteht aus der wirksam werdenden Gravitationskomponente des Kornes, weil das Korn auf dem glatten riffelfreien Hang des Strandwalls zum Teil rollend bewegt wird.

In der seeseits des ersten Riffes liegenden Mulde tritt ebenfalls kein Ausgleich des Geschwindigkeitsunterschiedes ein. Der Verlagerungsüberschuß der Sinkstoffe in negative Richtung bleibt solange erhalten, bis die Vergröberung des verbleibenden Sandgemisches den Ausgleich zwischen dem positiven Überschuß der direkt verfrachteten Sinkstoffe und dem negativen Überschuß der durch den Wirbel gehenden Sinkstoffe herbeiführt.

Ähnlich liegen die Verhältnisse für die anderen, zwischen den äußeren Riffen liegenden Mulden. Es genügt aber der Gleichgewichtsbedingung ein jeweils feineres Korngemisch mit wachsender Entfernung der Mulden von der Wasserlinie. Auf den Luvhängen der äußeren Riffe entsteht das Gleichgewicht durch den Ausgleich der Geschwindigkeitsdifferenzen. Die Leehänge verbleiben unter dem Einfluß des Geschwindigkeitsunterschiedes, so daß weiterhin Material vom Leehang auf den Luvhang transportiert und dort schleierartig verteilt wird, bis die Änderung des Korngemisches den Gleichgewichtszustand herbeiführt.

Während Form und Abmessung, Tiefenlage wie Höhe des Kammes unter dem Wasserspiegel bei dem ersten Riff in festen Grenzen liegen, unterliegen die Ausmaße und die Tiefenlage der äußeren Riffe keiner scharfen Begrenzung, lediglich die Neigung der Luvhänge ist mit dem Geschwindigkeitsunterschied der Oszillationskomponenten festgelegt.

3.46 Die Veränderlichkeit des Riffprofils

Unter der Voraussetzung eines gleichmäßig geneigten Unterwasserhanges führt eine große Welle zum Aufbau des Riffsystems in größerer Wassertiefe und eine kleine Welle zum Aufbau der Riffkörper in kleinerer Wassertiefe. Folglich muß ein vorgegebenes, unter kleineren bzw. größeren Wellen entstandenes Riffsystem in diejenige Wassertiefe abwandern, die der neuen Wellengröße entspricht.

Anhand der Überschußlinien ist dieser Vorgang leicht abzuleiten. Zu berücksichtigen ist aber, daß das bestehende Riffsystem andere Veränderungen der Eigenschaften der dem Riffsystem fremden Welle veranlaßt als der geradlinig geneigte Unterwasserhang. Die Zustandslinien, die den neuen Verhältnissen entsprechen, werden durch Überlagerung der aus dem geradlinig geneigten Hang abgeleiteten Überschußlinie der ursprünglichen und der neuen Welle gewonnen.

3.46.1 *Wechsel der Wellenabmessungen*

Trifft eine größere Welle auf ein Riffsystem, das unter einer kleinen Welle gleichen Typs entstanden ist, wandern die Punkte der Geschwindigkeitstrennung und des Bewegungsbeginns des Sandes in größere Wassertiefen. Der größeren Wellenhöhe entsprechend bricht die Welle schon auf dem Luvhang des inneren Riffes. Die stärkere Wirkung der dem Riffsystem fremden Welle regt an fast allen Punkten des Hanges die vormals negative Verfrachtungstendenz erneut an (Abb. 46). Auf den äußeren Riffen wandert das Material des Hanges aus den jeweils strandseits der äußeren Riffe liegenden Mulden, mengenmäßig mit anwachsender Wassertiefe geringer werdend, über die Leehänge und Kämme auf die Luvseite der Riffe. Der mit zunehmender Wassertiefe abnehmende Transport läßt auf dem oberen Teil der Luvhänge solange mehr Material an- als abwandern, bis die steiler werdende Neigung der Hänge den Ausgleich der Geschwindigkeitsunterschiede herbeiführt. Mit dem Entzug des relativ feinen Materials wird in den Mulden und auf den Leehängen das verbleibende Sandgemisch bis zur Ausbildung des Gleichgewichtszustandes vergröbert.

Auch die zu flach geneigten Hänge des inneren Riffes lassen den negativen Materialtransport wieder aufleben. Auf seinem Kamm und Leehang ruft allerdings der aus dem frühzeitigen Wellenbruch hervorgehende Schwallbrecher zunächst eine positive Verlagerung der

Sinkstoffe hervor. Dieser Überschuß ändert seine Richtung auf negativ, sobald der Riffkamm so abgetragen ist, daß der Brecher auf den Leehang wandert und nun die vom Riffkamm sowohl in seewärtiger wie landwärtiger Richtung abnehmende negative Wandertendenz unter Abtrag des Leehanges und des Kammes eine Anlandung auf dem Luvhang entstehen läßt. Der Vorgang erlahmt und findet seinen Abschluß, sobald die Neigung des Luvhanges dem ehemaligen Geschwindigkeitsunterschied entspricht und die zunehmende translatorische Bewegung der Wasserteilchen über Kamm und Leehang die negative Verlagerung ausgleicht.

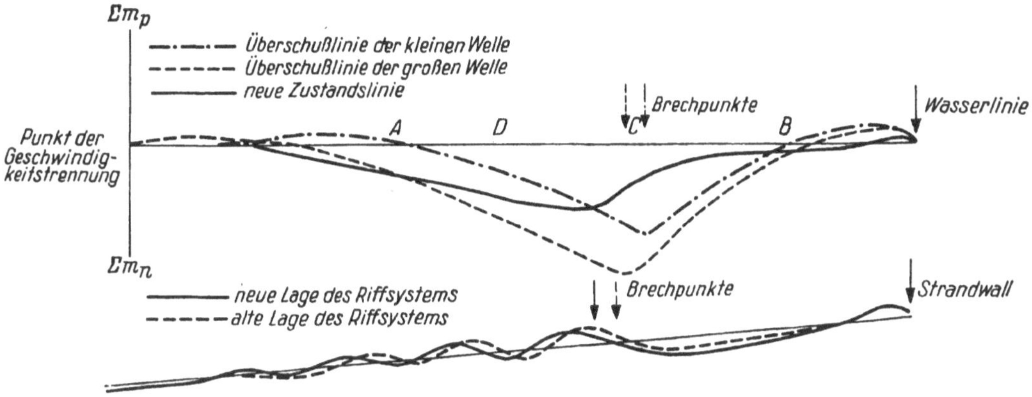

Abb. 46. Veränderung des Hangprofils bei zunehmendem Seegang

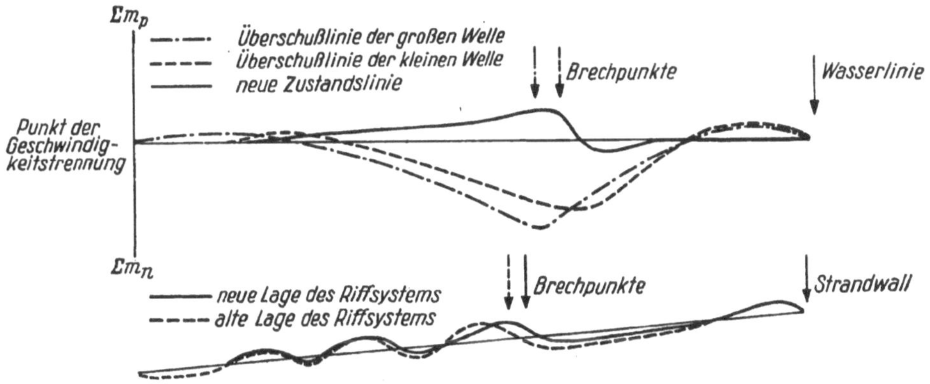

Abb. 47. Veränderung des Hangprofils bei abnehmendem Seegang

Abtrag des Leehanges, Absinken des Kammes und Auftrag auf den Luvhang verschieben das Riffprofil nach seewärts, wobei der Brechpunkt der Welle auf dem oberen Teil des Leehanges verbleibt.

Nimmt die Zunahme der Wellenabmessungen größere Ausmaße an und verlegt sich der Brechpunkt auf den Leehang des nächst äußeren Riffes, wird dieses zum inneren Riff, sobald unter dem schäumenden Brecher das vordem innere Riff zerstört und abgetragen ist.

Tritt der Wechsel der Wellengrößen nicht schnell, sondern langsam ein, entwickeln sich die Vorgänge in ähnlicher Form, d. h. die Punkte des Bewegungsbeginns, der Geschwindigkeitstrennung und der Brechpunkt wandern nicht sprunghaft, sondern langsam in größere Wassertiefen. Die negativ gerichtete Sinkstoffverlagerung setzt weniger lebhaft ein, aber da die Änderung der Wellengröße nicht allzu sehr der Riffumbildung vorausläuft, ist von vornherein über Kamm und Leehang des ersten Riffes und in der landseits gelegenen Mulde der Überschuß der Sinkstoffe nicht positiv, sondern negativ gerichtet.

Eine schnell eintretende und relativ geringe Abnahme der Wellenabmessungen läßt die Wellen ohne wesentliche Merkmale des Wellenbruches das bestehende Riffsystem überlaufen. Das innere Riff versetzt die Welle zwar in hohen Störzustand, der sich in einem leicht schäumenden Kamm äußert, doch erfolgt erst am Strandwall der eigentliche Wellenbruch. Der Punkt des Bewegungsbeginns wie der Punkt der Geschwindigkeitstrennung bilden sich in geringerer Wassertiefe aus (Abb. 47).

Auf den zu steilen Luvhängen der noch berührten äußeren Riffe wird die Geschwindigkeit der negativen Komponente stärker als die der positiven,womit aus der überwiegenden Menge der indirekt verfrachteten Sinkstoffe eine Verlagerung des Sandes in positiver Richtung einsetzt. Allerdings werden auch die Beträge der direkt verfrachteten im Verhältnis zu den indirekt verfrachteten Sinkstoffanteilen größer, so daß die positive Wandertendenz von den Luvhängen über die Kämme zu den Leehängen ein wenig gedämpft wird. In den äußeren Mulden läßt das für die Welle zu große Korngemisch eine geringe Verlagerung des Materials zur Küste entstehen.

Auf dem inneren Riff ist die positive Verlagerungstendenz auf dem Luvhang stärker als auf dem Kamm und dem Leehang, so daß das Material des Luvhanges sowohl auf Kamm und Leehang in größeren Mengen ankommt als abwandert. In der strandseitigen Mulde gilt nicht das für die äußeren Mulden Zutreffende. Hier verursacht die stärker werdende Geschwindigkeit der positiven Komponente eine Verstärkung der indirekt verfrachteten Anteile und damit des negativen Überschusses. Diese Sinkstoffmenge lagert auf dem Leehang des Riffes an. Der Vorgang erlahmt, sobald die Neigungen der Luvhänge flacher werden, der Kamm des inneren Riffes sich erhöht und in den Mulden der Gleichgewichtszustand durch Vergröberung des Sandgemisches eintritt. So entsteht bei relativ kleiner, aber plötzlich eintretender Abnahme der Wellenabmessungen speziell auf dem inneren Riff ein Abbau des Luvhanges, Aufbau des Kammes und des Leehanges, wodurch das Riffprofil zur Küste hin verschoben wird.

Von einer stärkeren Abschwächung der Wellenabmessungen werden lediglich die Kämme der Riffe berührt. Die Riffsockel bleiben bestehen. Es kann sich aber von vornherein durch Überwiegen des Betrages des direkt verfrachteten Überschusses ein positiver Transport in der strandseitigen Mulde ausbilden und entsprechend dem Verhältnis Wellenhöhe zur Korngröße entweder ein neues kleines Riff oder eine Sandbank entwickeln, die sich in Richtung Strandwall weiterbewegt.

Wird die Welle allmählich kleiner und ändert sich die Rifform so, daß der Brecher auf dem Leegang des inneren Riffes verbleibt, kann im Gegensatz zu den Vorgängen bei sprunghaftem Wechsel in der landseits des ersten Riffes gelegenen Mulde der Überschuß ebenfalls in positiver Richtung verlagert werden, so daß auf der gesamten Fläche des Hanges, auf der Material bewegt wird, der Überschuß der Massen positiv gerichtet ist.

3.46.2 *Wechsel des Wasserstandes*

Der Wechsel des Wasserstandes bei unveränderten Wellengrößen ruft ähnliche Erscheinungen hervor wie der Wechsel der Wellenabmessungen. Der erhöhte Wasserstand verschiebt das Riffprofil zur Küste zu, während der abfallende Wasserstand eine Verlagerung des Profils nach seewärts veranlaßt.

Bei erhöhten Wasserständen bildet sich auf den Kämmen der äußeren Riffe mit abnehmender Wirkung der Welle auf die Sohle und kleinerem Geschwindigkeitsunterschied der Komponenten eine schwache Verlagerung der Sinkstoffe in positiver Richtung aus (Abb. 48). Aus den gleichen Gründen wird in den Mulden das Gewicht des Transportes mehr auf die direkt verfrachteten Anteile gelegt, das bestehende Gleichgewicht gestört und die positive Verlagerung angeregt. Auch auf dem Luvhang des inneren Riffes, das die Wellen in hohem Störzustand, aber ungebrochen überlaufen, läßt die für die Welle zu steile Neigung, d. h. die größere Geschwindigkeit der negativen Komponente, eine positive Verlagerung der Sinkstoffe entstehen, die, zum Riff hin abnehmend, eine Erhöhung des Riffkamms bewirkt.

Besonderen Einfluß nimmt die noch ungebrochene Welle auf die Sohle der strandnahen Mulde. Hier veranlaßt der große Geschwindigkeitsunterschied einen regen negativen Transport, der einen besonderen Zuwachs dadurch erfährt, daß Teile des bisher trockenen Strandes unter den Einfluß der Welle gelangen, wobei der Strandwall zerstört und in der neuen Wasserlinie wieder aufgebaut wird. Der nach seewärts abnehmende Sandtransport veranlaßt eine Anhäufung der Sinkstoffe am Leehang des ersten Riffes. Der Abbau des Luvhanges, das Erhöhen des Riffkammes, die Anhäufung auf dem Leehang verschieben das Riffprofil zur Küste zu. Ein Gleichgewichtszustand tritt ein, sobald die Neigungen der Hänge und das Korngemisch der Mulden den Gleichgewichtsbedingungen entsprechen und der Kamm des inneren Riffes so weit erhöht ist, daß die Welle auf dem Leehang bricht.

Werden bei erhöhtem Wasserstand die Wellenabmessungen größer, kann die bisherige Neigung des Luvhanges den Gleichgewichtsbedingungen genügen, dagegen ist die Wirkung der ungebrochenen Welle auf die Sohle der strandnahen Mulde sehr viel stärker. Eine kräftige negative Verlagerung setzt ein, die mit nach seewärts abnehmender Tendenz das Material auf den Leehang und den Kamm anlanden läßt. Die Riffdimensionen nehmen solange zu, bis der Brechpunkt der Welle auf dem oberen Teil des Leehanges liegt.

Eine starke Erhöhung des Wasserstandes unter gleichzeitiger Zunahme der Wellenabmessungen, also Gegebenheiten, die bei einer Sturmflut auftreten, rufen weitgehende Veränderungen des Profils des Unterwasserhanges wie auch des trockenen Strandes bis zum Kliff- oder Dünenfuß hervor. Die verstärkte Wirkung der Wellen und das starke Hervortreten der positiven Oszillationskomponenten lassen die Überschußlinie bis auf einen kleineren Bereich in größerer Wassertiefe ausschließlich negativ werden. Es kommt somit der Divergenzpunkt B der Überschußlinie in Fortfall (Abb. 49). Für die meisten Kornfraktionen des vormals trockenen Strandes liegt das Verhältnis von Wellenhöhe zum mittleren Korndurchmesser nicht mehr im riffbildenden Bereich, d. h. der größere Teil des Sandgemisches ordnet sich nicht mehr zu Formen, weil er suspendiert die Periode schwebend übersteht. Zudem nimmt der bei Sturmbrandung stärker auftretende Rückstrom die feineren Fraktionen in negativer Richtung mit. Das Gebiet des oberen Unterwasserhanges wird so von feineren Sandteilen entblößt und das zurückbleibende gröbere Material kann sich nun nach der Überschußlinie des Hauptfalls 1 ordnen. Die relativ feinen Sandteile gelangen mit der Rückströmung in größere Wassertiefen, wo sie auf Grund der schwächer werdenden Geschwindigkeit der Oszillationskomponenten wieder der Gesetzmäßigkeit des Hauptfalls 1 unterliegen. Der frühere Strandwall und auch das erste Riff werden unter den genannten Voraussetzungen fast vollständig zerstört, und zwar zu Gunsten der äußeren Riffe, deren Dimensionen durch die anfallenden feineren Sandmassen verstärkt werden.

Ein Absinken des Wasserspiegels verlegt die Punkte des Bewegungsbeginns und der Geschwindigkeitstrennung nach seewärts und läßt die Welle schon auf dem Luvhang des inneren Riffes brechen (Abb. 50). Seewärts des Brechpunktes wird an allen Punkten der Geschwindigkeitsunterschied größer und somit die negative Verlagerungstendenz wieder angefacht. Die äußeren Riffprofile verlagern durch diesen Transport ein wenig nach seewärts. Uferwärts des Brechpunktes ruft der aus dem Brecher hervorgehende, über den oberen Teil des Luvhanges und über den Riffkamm laufende Schwall einen regen Transport der Sandteilchen in positiver Richtung hervor. So wandert ein großer Teil des Materials des ersten Riffes als Sandbank in die Mulde und weiter auf die neue Wasserlinie zu. Aus dem Material des unteren Luvhanges baut die Welle ein neues Riff in der zu ihr passenden Wassertiefe auf. In Höhe der neuen Wasserlinie entsteht ein neuer Strandwall. So wandert das ganze Riffsystem geringfügig nach seewärts, wobei der trockene Strand einen beträchtlichen Sandzuwachs erhält. Der Vorgang findet seinen Abschluß, sobald die Gleichgewichtsbedingungen auf den Hängen und in den Mulden erfüllt sind.

Durch eine starke Absenkung des Wasserstandes kann der Brecher der unveränderten Welle auf den Leehang des nächst äußeren Riffes verlegt werden. Das innere Riff gelangt dann unter den Einfluß der aus der Übertragungswelle hervorgehenden kleineren Wellen.

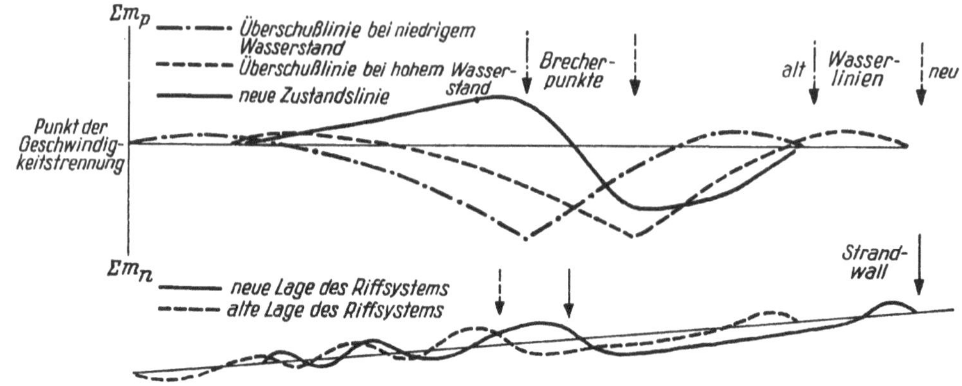

Abb. 48. Veränderung des Hangprofils bei zunehmendem Wasserstand

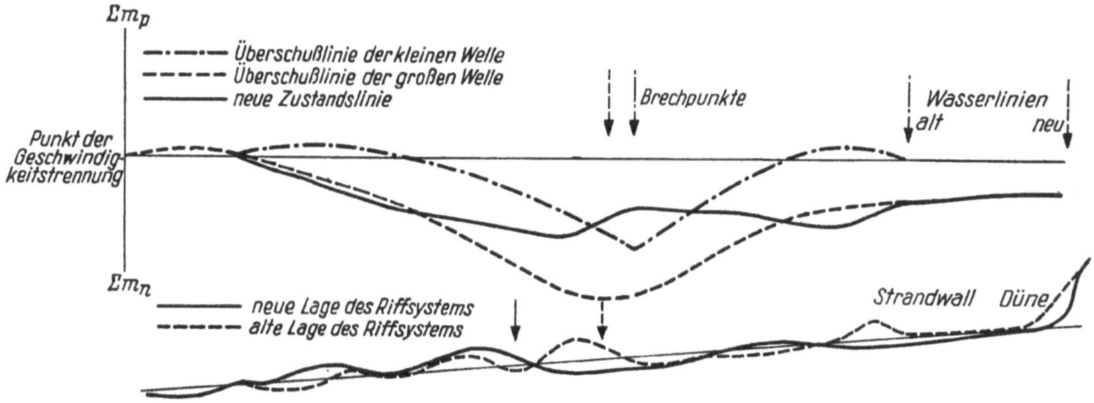

Abb. 49. Veränderung des Hangprofils bei zunehmendem Seegang und zunehmendem Wasserstand

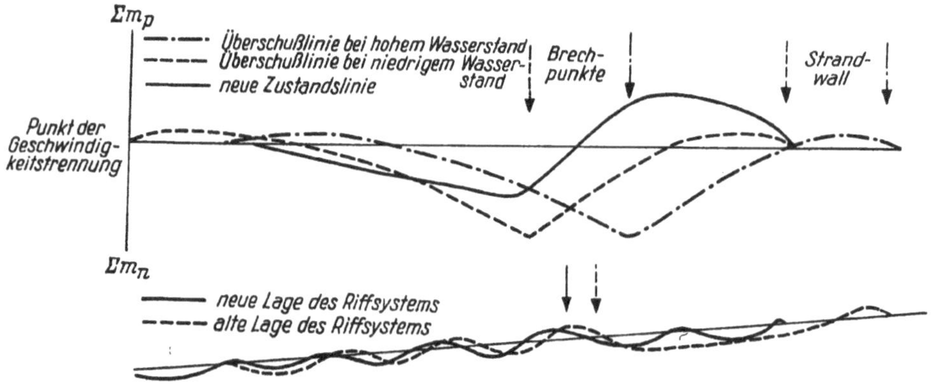

Abb. 50. Veränderung des Hangprofils bei abnehmendem Wasserstand

Mit dem neuen Verhältnis von Wellenhöhe und Korngröße wird im gesamten Bereich der kleineren Welle die Transportrichtung des Sandes positiv. Der trockene Strand erhält weiteren Sandzuwachs, sobald die kleinere Welle dem inneren Riff die ihr zusagende Form gegeben hat.

Ist die Wasserspiegelsenkung mit einer Abnahme der Wellenabmessungen verbunden, wird die seewärts des Brechpunktes hervorgerufene Zunahme der Geschwindigkeitsdifferenz durch den kleineren Geschwindigkeitsunterschied unter der kleineren Welle wieder aufgehoben. Uferwärts des Brechpunktes bleibt die positive Verlagerungstendenz bestehen, bis die Gleichgewichtsbedingungen erfüllt sind.

3.46.3 *Änderung der Anlaufrichtung*

Laufen die Wellen unter einem Winkel auf die meist küstenparallel liegende Sandriffzone, suchen sich ihre Fronten dem Verlauf der Tiefenlinien anzugleichen. Diese Erscheinung nimmt mit abnehmender Wassertiefe zu, so daß der Winkel zwischen der Wasserlinie und der Wellenfront vom Beginn der Sandriffzone an bis zur Wasserlinie ständig kleiner wird. Meist haben die anlaufenden Wellen nicht die Möglichkeit, sich den Tiefenlinien vollkommen anzupassen. Sie treffen dann schräg auf die Wasserlinie auf.

Ein Riffprofil, das mit einer senkrecht anlaufenden Wellenfront im Gleichgewicht steht, ist in seinen Luvhängen für eine schräganlaufende Welle gleicher Dimensionen zu flach geneigt. Die negative Überschußtendenz der Sinkstoffbewegung wird somit auf den Hängen erneut aktiviert. Daneben wird der küstenfernere Teil der Wellenfront frühzeitig zum Wellenbruch gereizt, so daß dieser Teil einen negativen Überschuß auf dem Riffkamm hervorruft. Auf Leehang und Kamm überwiegt die Größe der Sinkstoffbewegung, so daß auf dem Luvhang eine Ablagerung entsteht. Gleichgewicht tritt ein, wenn Luv- und Leehang steiler werden und sich der Kamm geringfügig erniedrigt. Das Riffprofil wird unter schräg anlaufenden Wellen ein wenig nach seewärts verlagert. Umgekehrt verlagert eine senkrecht auflaufende Welle ein mit der schräg anlaufenden Welle im Gleichgewicht stehendes Riff geringfügig der Küste zu, wobei gleichzeitig die Hänge flacher werden und der Kamm an Höhe zunimmt.

3.46.4 *Naturverhältnisse*

Die bisherige Schilderung der Vorgänge auf dem strandnahen Unterwasserhang ist unter der Voraussetzung einer Welle konstanter Abmessungen durchgeführt worden. Die Voraussetzungen sind in der Natur nie anzutreffen, wo Wellen unterschiedlichen Typs und unterschiedlicher Größe in bunter Reihenfolge auf die Wasserlinie zulaufen und Riffe bilden, die sich zwar streng nach den beschriebenen Gesetzmäßigkeiten entwickeln, dennoch Konglomerate sind, die sich aus den zu jeder Wellengröße und Wellentyp passenden Rifformen zusammensetzen. Riffe, wie sie in der Natur anzutreffen sind, können demnach als Gebilde eines mittleren Seeganges angesprochen werden und so gewisse Gleichgewichtsprofile vortäuschen. In Wirklichkeit erleidet jedes sich in der Natur zeigende Riff unter der jeweils anlaufenden Welle eine Verformung, ist also stets im Umbau begriffen. Die Summe der Umbauten läßt das Riff als Gleichgewichtsform des betreffenden Seeganges erscheinen.

Änderungen des Seeganges rufen deutliche Umbildungen meist nur auf dem inneren Riff hervor, das sich relativ schnell dem jeweils herrschenden Seegang anzupassen sucht. So ruft ein zunehmender Seegang im wesentlichen negative Verlagerungserscheinungen hervor, und zwar zwischen den weit auseinanderliegenden Punkten A und B, die bekanntlich Punkte des ausgeglichenen Massentransportes sind. Der abnehmende Seegang gestaltet den Transport ausschließlich positiv mit Ausnahme der strandnahen Mulde, in der sich der Materialtransport durch nicht brechende Wellen auch negativ gestalten kann.

Das Ansteigen des Wasserstandes bei gleichbleibendem Seegang ruft zunächst seeseits des Brechpunktes positive, landseits des Brechpunktes negative Verlagerung hervor. Wird das innere Riff von dem Seegang überlaufen und erfaßt der anwachsende Seegang größere Flächen des bislang trockenen Strandes, so findet zwischen dem inneren Riff und der Wasserlinie ein besonders reger negativer Massentransport statt. Ist das Ansteigen des Wasserstandes verbunden mit einer Zunahme des Seeganges, setzt ein verstärkter negativer Transport auf dem oberen Teil des von der Welle berührten Hanges ein, wobei der Konvergenzpunkt A mit wachsenden Wellendimensionen in größere Wassertiefe abwandert und der Divergenzpunkt B verschwindet.

Das Absinken des Wasserstandes läßt seeseits des Brechpunktes negative und landseits positive Verlagerung der Sinkstoffe entstehen. Ist das Absinken des Wasserstandes verbunden mit einer Abnahme des Seeganges, wandert der Konvergenzpunkt A mit kleiner werdender Welle in geringere Wassertiefe, womit der Bereich des negativen Transportes ständig kleiner wird. Ein ausschließlich positiver Transport ist möglich, sobald der Seegang die Wellendimensionen angenommen hat, die den Konvergenzpunkt verschwinden lassen.

Besonders wirksam sind die Veränderungen, die den negativen Transport ausüben. Das Material, das in kurzer Zeit durch zunehmenden Seegang und Wasserspiegelhebung negativ verfrachtet wird, ist bei abnehmendem Seegang und sinkendem Wasserspiegel nur langsam und nicht vollständig zurückzubringen. Der negative Transport ist aber nur bis zum Konvergenzpunkt A möglich, so daß bei senkrechtem Materialversatz keine Sinkstoffe der beobachteten Küstenstrecke verlorengehen.

3.47 Korngrößenverteilung auf dem strandnahen Unterwasserhang

Neben der Umbildung des vorausgesetzten geradlinig geneigten Unterwasserhanges findet senkrecht zur Wasserlinie eine Entmischung des bewegten Sandmaterials statt. Sieht man zunächst von der Umbildung des Hanges ab, d. h. läßt die Oberfläche des Hanges unverändert geradlinig verlaufen und verfolgt den Weg einer einzelnen Kornfraktion, so bewegen sich auf der Strecke zwischen dem Punkte des Bewegungsbeginns und dem Punkte der Geschwindigkeitstrennung der Oszillationskomponenten die beobachteten Korngrößen lediglich hin und her, ohne einen Weg in irgend einer Richtung zurücklegen zu können. Vom Punkte der Geschwindigkeitstrennung an legt das zunächst direkt verfrachtete Korn auf Grund der größeren Geschwindigkeit der positiven gegenüber der negativen Oszillationskomponente kleine Wege in positiver Richtung zurück. Gelangen die Teilchen mit abnehmender Wassertiefe unter den Einfluß größerer Oszillationsgeschwindigkeiten, geraten sie in den Leewirbel der positiven Oszillationskomponente und werden eine Strecke in negativer Richtung zurückversetzt. Dieses Spiel wiederholt sich, ohne daß das Teilchen weitere Wege in positiver Richtung zurücklegen kann.

Sandteilchen der gleichen Kornfraktion, die im Bereich größerer Oszillationsgeschwindigkeiten liegen, werden durch die Leewirbel beider Komponenten vor- und zurückversetzt, wobei der Weg in positiver Richtung überwiegt, weil die Teilchen bei gleicher Aufwirbelhöhe während ihrer Absinkzeit durch die größere Geschwindigkeit der positiven Komponente weitere Strecken mitgenommen werden. Diese Aussage ist aber nur dann gültig, wenn die Absinkzeit der Teilchen kürzer als die Dauer der positiven Komponente ist. Überstehen die Teilchen die zeitlich kürzer werdende positive Komponente schwebend, gelangen sie unter den Einfluß der negativen Komponente, so daß ihr Weg in negativer Richtung größer wird. Da außerdem die größere Menge der Sandpartikel in negativer Richtung versetzt wird, d. h. auf die Wegstrecke eines Teilchens in positiver Richtung mehrere Wegstrecken verschiedener Teilchen in negativer Richtung entfallen, ist die wirkliche Wandertendenz der Teilchen in negativer Richtung.

Sie erreichen mit abnehmendem Geschwindigkeitsunterschied den Bereich, in dem sie den Übergang von indirekter zu direkter Verfrachtung durchmachen. In diesem Bereich findet ein Ausgleich der Wegstrecken statt. So hat jede Korngröße unter der Bedingung eines geradlinig geneigten Unterwasserhanges und unveränderter Welleneigenschaften einen Bereich, den sie nicht verlassen kann. Dieser Bereich liegt für die feineren Fraktionen in größerer, für die gröberen in geringerer Wassertiefe. Bevor aber eine derartige klare Trennung der Kornfraktionen eintreten kann, ändert sich die Voraussetzung und damit der Entmischungsvorgang.

Die gesetzmäßige Entwicklung der Riffe aus dem Korngemisch eines gleichmäßig geneigten Unterwasserhanges läßt erkennen, daß die Riffkörper vornehmlich aus den feineren Fraktionen des Korngemisches aufgebaut werden, da im wesentlichen die feineren Bestandteile durch die Leewirbel gehen und diese Anteile das eigentliche Aufbaumaterial des Riffkörpers bilden. Dagegen wird in den Mulden ein breiteres Kornspektrum anzutreffen sein, dessen gröberes Korn den Gleichgewichtszustand herstellen kann. Es ist also die weit verbreitete Erscheinung des Entmischungsvorganges senkrecht zur Wasserlinie, und zwar feines Korn auf den Riff kämmen, grobes Korn in den Mulden, ein leicht zu erklärender Vorgang.

Darüber hinaus ist eine umgekehrte Anordnung: grobes Korn auf den Riffen und feines Korn in den Mulden ebenfalls möglich, und zwar unter der Bedingung, daß bei kleinem Verhältnis von Wellenhöhe zum mittleren Korndurchmesser der Riffkörper sich zum Teil aus einem Überschuß an Sinkstoffen aufbaut, der positiv gerichtet ist. In diesem Fall sind die gröberen Fraktionen der insgesamt bewegten Sinkstoffmenge auf dem Kamm anzutreffen, die feineren in der Mulde.

Dieser Wechsel ist daraus zu erklären, daß beim Aufbau der Luvseite des Riffes aus positiv verfrachtetem Material der positiv direkt verfrachtete Anteil den Ausschlag gibt, der bekanntlich die gröberen Fraktionen der bewegten Sinkstoffmenge erfaßt. Auf dem Luvhang tritt das Gleichgewicht durch den Ausgleich der Geschwindigkeit der Oszillationskomponenten ein, wogegen in der Mulde nur feineres Material den Gleichgewichtszustand herbeiführen kann, weil damit der schwächere, durch den Wirbel gehende Anteil gegenüber dem direkt verfrachteten Anteil verstärkt wird.

Der von der Seeseite her aufgebaute Luvhang verlangt den von der Küste her aufgebauten Leehang, wenn ein echtes Riff entstehen soll. Demnach kann also die Erscheinung: feines Korn in den Mulden und grobes Korn auf den Kämmen nur im Grenzfall des Überganges vom Riff zu einer Sandbank auftreten.

Von Wirtz durchgeführte Bohrungen ergaben, daß das Korn der Riffe nach dem Riffinneren zu gröber wird und daß im Kern des Riffkörpers jeweils eine Geröllbank vorzufinden ist. Die beschriebenen Vorgänge lassen aber nicht zu, daß im Normalfall das Korn nach dem Riffinneren gröber wird, noch daß eine Geröllbank den Kern des Riffes bildet. Die von Wirtz gemachten Beobachtungen können aber aus den jahreszeitlich schwankenden Seegangsverhältnissen und damit wechselnden Zuständen des Unterwasserhanges erklärt werden.

3.48 Materiallängstransport und die Längsbauformen der Riffe

3.48.1 *Aufbau und Auflösen der Riffe*

Bei senkrecht auftreffenden Wellen gleicher Abmessungen können die beschriebenen Vorgänge an jedem Punkt der Küstenstrecke auftreten und so langgestreckte, küstenparallel verlaufende Riffkörper bilden. Abweichungen im Verlauf der Riffkörper sind durch die Veränderlichkeit der riffbildenden Faktoren innerhalb der betrachteten Küstenstrecke möglich. Der ausschließlich winkelrechte Materialversatz ist aber in den seltensten Fällen gegeben. Vielmehr laufen die Wellen in mehr oder weniger großen Winkeln auf die Küste auf. Somit besteht in der pulsierenden Strömung unter der Welle neben der küstennormalen eine küstenparallele Komponente, die den Brandungsstrom auslöst und diesem ständig neue Impulse und Wassermengen zuführt. In diesen Impulsen ist auch die Ursache zu sehen, daß der Brandungsstrom auf den Riffen und dem Strandwall seine größten Geschwindigkeiten aufweist.

Die Geschwindigkeit des Brandungsstromes wächst mit dem Auftreffwinkel der Welle und kann von sich aus sehr wohl in der Lage sein, Material an der Sohle zu bewegen. Sein Einfluß auf das Sediment ist aber im Verhältnis zur aufwirbelnden Tätigkeit der Wellen sehr gering. Der Brandungsstrom bestimmt jedoch den seitlichen Versatz der Sinkstoffe, und da Welle und Brandungsstrom auf den Riffkörpern und dem Strandwall ihre größte Wirkung zeigen, sind Riffkörper und Strandwall als Transportbänder des Sinkstoffversatzes anzusehen.

Die mit schräg anlaufenden Wellenfronten einheitlicher Abmessungen im Gleichgewicht stehenden Riffe bleiben stabil in ihren Formen, selbst wenn ein seitlicher Transport der Sinkstoffe einsetzt. Da vorausgesetzt ist, daß auf die Küstenstrecke einheitliche Wellen auftreffen, bleiben die Menge des bewegten Korngemisches und dessen Korngrößen an allen Punkten der Küstenstrecke konstant. Ein Verlegen der Riffprofile nach seewärts ist unter diesen Voraussetzungen nicht möglich. Die in der Natur als Gebilde eines mittleren Seeganges entstehenden Riffe stehen aber mit keiner der anlaufenden Wellen im Gleichgewicht. Daher werden die feineren Fraktionen der auf den Riffen anzutreffenden Korngemische bevorzugt transportiert, so daß in Richtung des vorherrschenden Seeganges eine Verfeinerung der Korngemische auf den langgestreckten Riffkörpern eintritt, die den Zustand des Riffsystems wieder unstabil werden läßt. Das mittlere scheinbare Gleichgewicht kann nun durch steilere Luvhänge wieder hergestellt werden, wodurch die Riffprofile nach seewärts verlagern. Die Verlagerung ist aber so gering, daß die Verfeinerung des Korngemisches nicht als Erklärung der dachziegelartigen Anordnung, des Untertauchens und des Auflösens der Riffe dienen kann [48].

Da die Lage der Riffe nicht durch die Korngrößen des Sandgemisches, sondern durch die Welleneigenschaften bestimmt wird, und diese wiederum in Wechselbeziehung zu den Bodenformen stehen, ist aus diesen Faktoren ebenfalls keine Abweichung von der gesetzmäßigen Entwicklung zu finden. Vielmehr muß ein weiterer Faktor wirksam sein, der die Wechselbeziehung zwischen Welle und Bodenform stark beeinflußt.

Jeder Küstenstrecke ist eine vorherrschende Windrichtung eigen, in die auch im allgemeinen der endgültige Materialversatz einsetzt. Die aus der Hauptwindrichtung meist schräg auf die Küstenstrecke auflaufenden Wellenfronten lösen den Brandungsstrom aus, dem sich die langgestreckten Riffkörper als Leitwerke geradezu anbieten. Vom Riffbeginn wächst in Fließrichtung die Wassermenge des Brandungsstromes durch ständige Zugabe durch die Wellen an, so daß er in wachsendem Maße über dem Riffkamm kräftiger und kontinuierlicher zurückfließen muß und nun merklich Einfluß auf die Welleneigenschaften nehmen kann.

Es ist bekannt, daß die Wellen, die mit oder gegen eine Strömung laufen oder sie in einem Winkel treffen, ihre Laufgeschwindigkeit, Höhe und Länge und im letzten Fall auch ihre Richtung ändern. Der der Welle entgegenlaufende Brandungsstrom läßt die Welle aufsteilen. Die Geschwindigkeit ihrer positiven Oszillationskomponenten wird damit kleiner, die Dauer der Komponente kürzer. Dagegen wächst die Geschwindigkeit der negativen Komponente und ihre Dauer an. Die aus den Leewirbeln der negativen Komponenten stammende Sinkstoffmenge, die normalerweise in positiver Richtung verlagert wird, gerät teilweise mit kürzer werdender Dauer der positiven Komponenten schwebend in den Bereich der negativen. Neben dem stark anwachsenden, direkt verfrachteten Anteil in negativer Richtung wird auch der indirekt verfrachtete Anteil somit größer. Es setzt ein kräftiger Überschuß der Sinkstoffbewegung in negativer Richtung ein. So wird mit wachsender Einflußnahme des Brandungsstromes der Riffkörper nach seewärts gedrängt. Der Kamm und die Hänge flachen ab, das Riff biegt nach seewärts aus und taucht unter, sobald die Strömung so stark wird, daß die

Welle nur noch die aufwirbelnde Tätigkeit leistet, die Strömung aber die Richtung der Bewegung bestimmt. Da die Sinkstoffe nicht mehr der Gesetzmäßigkeit der Wellenbewegung gehorchen, löst sich das Riff auf.

Dort, wo das Riff unterzutauchen versucht und die Welle ungebrochen den Riffkamm passieren kann und durch die Strömung wie durch die Abnahme der Wassertiefen uferparallel gedreht wird, entwickelt sich als Ergänzung der gestörten Abwehrfront des strandnahen Unterwasserhanges ein neues Riff.

3.48.2 *Materiallängstransport*

Dringt in ein Sandriffsystem, das im Gleichgewicht steht, seitlich in breiter Front ein Sandschleier ein, der durch küstenparallelen Materialversatz bedingt sei, und setzt sich der Sandschleier aus Kornfraktionen zusammen, aus denen die Riffe aufgebaut wurden, so bleibt bei ausgeglichenem küstenparallelem Materialversatz der Gleichgewichtszustand auf den Riffen erhalten. Lediglich in den Mulden erneuert sich mit der eintretenden Verfeinerung des Sandgemisches der Überschuß in negativer Richtung, so daß die anfallenden feinen Sinkstoffe nach seewärts auf die Riffe verlagert werden und der früher zusammenhängende Sandschleier in Form breiter Sandbänder auf den Riffkämmen weiterwandert. In der ufernahen Mulde teilt sich der Schleier im Divergenzpunkt B in einen Anteil, der nach seewärts zum ersten Riff geführt wird, und in einen Anteil, der zum Strandwall wandert.

Liegt das ausgewogene Riffsystem vor einer Anlandungsküste, bringt also ein plötzlich einsetzender und seitlich eindringender Sandschleier mehr feines Sandmaterial heran als abtransportiert werden kann, so entsteht die schon erwähnte negative Verlagerung des Überschusses in den äußeren Mulden. Durch den großen Materialanfall verstärken die äußeren Riffe ihre Dimensionen unter Beibehaltung der Neigung der luvseitigen Hänge. Dagegen kann das innere Riff unter der Voraussetzung konstanter Wellenabmessungen seine Form nicht verändern. Auf seinem Luvhang bleibt trotz großen Materialanfalls die vorgeschriebene Neigung erhalten. Das anwandernde Material läßt aber den Hang nach See zu vorwachsen. Auf dem Leehang verursacht die veränderte Lage des Luvhanges und die daraus erwachsende frühzeitigere Translationsbewegung der Wasserteilchen einen positiv gerichteten Überschuß, der zur Aufhöhung der Mulde und letzthin zur Anreicherung des Strandwalls führt. Das Riff bleibt bei geringer Verschiebung nach seewärts in seiner Form erhalten.

Der Fall des verstärkten seitlichen Abtransportes führt zum Abbau sämtlicher Riffe, wobei besonders das erste Riff betroffen wird. Auch in diesem Fall geht der Transport in breiten Bändern auf den Riffkämmen vor sich. Das innere Riff versucht laufend, seine verlorengehenden Abmessungen durch Materialentnahme aus dem Hang zu ergänzen, weil mit abnehmenden Dimensionen der Riffe eine rückläufige Änderung der Welleneigenschaften entsteht, so daß die negative Verlagerungstendenz der Sinkstoffe in den Mulden wieder anwächst und zu weiterer Vertiefung der Mulden führt. Mit dem Abbau des Riffes und der Vertiefung der Mulde wird die Welleneinwirkung auf die Wasserlinie stärker und bewirkt den Abbau des Strandwalls.

Der stärkere küstenparallele Abtransport kann den Unterwasserhang von Sanden fast entblößen und nach Beendigung des seitlichen Transportes einen ausgesprochen sandarmen Hang zurücklassen, der mit groben Sanden, Kies und Geröll bedeckt ist. Mit der Vergröberung des Hangmaterials wird das Verhältnis von Wellenhöhe zur Korngröße verkleinert, so daß die Umformung des Reliefs nach der Überschußlinie des Hauptfalls 2 einsetzt. Gelten die Voraussetzungen der konstanten Wellenabmessungen und eines mit grobem Material bedeckten Hanges, sammeln sich unter der Überschußlinie bei an allen Punkten des Hanges positiver Transporttendenz die gröberen Anteile des Materials, also Kies und Geröll, vor dem Brechpunkt zu einer Kies- oder Geröllbank an, während die Restbestände der feineren Fraktionen nach seewärts in eine Wassertiefe wandern, in der sie unter die Gesetzmäßigkeit des Hauptfalls 1 fallen und dort den Ansatz eines Riffkörpers bilden. In der Mulde strandseits des Brechpunktes wandern die gröberen Anteile des zurückgebliebenen Geschiebes auf die Wasserlinie zu und bauen dort einen Hang aus Kies oder Geröll auf.

Das Gleichgewicht auf diesem Hang entsteht unter den üblichen Gleichgewichtsbedingungen der ausgeglichenen Geschwindigkeit von Schwall und Sog, des Entmischungsvorganges und des Mitwirkens der Gravitationskomponente des Kornes. In der strandnahen Mulde ist in diesem Fall die Verfeinerung, nicht die Vergröberung des Materials das Kriterium des Gleichgewichtszustandes. Es tritt aber in der Mulde wie auf dem Geröllwall nur der Form nach ein gewisser Gleichgewichtszustand ein, und zwar wirkt die Neigung des Luvhanges der Geröllbank abschwächend auf den positiven Transport, wogegen die aus dem Wellenbruch hervorgehende Translation der Wasserteilchen den gleichgerichteten, bisher schwächeren Transport auf dem Leehang verstärkt, so daß die strandseitige Mulde laufend von gröberem Material durchwandert und der Geröllhang an der Wasserlinie verstärkt wird. Auf dem Geröllwall tritt zwischen Antransport von der Seeseite her und dem Abtransport zur Wasserlinie hin ein Ausgleich ein, der die Form des Geröllwalls bestehen läßt. So können auf einem sandarmen Unterwasserhang ein Riffansatz auf gröberer Unterlage, eine Geröll- oder Kiesbank, ein mit Geröll bedeckter Strandwall und eine Mulde, deren Sohle mit einem relativ feinen Material bedeckt ist, nebeneinander bestehen. Wird der sandarme Hang von einem seitlich eindringenden Sandschleier überwandert, und bringt der Sandschleier mehr Sand heran als abtransportiert werden kann, so entstehen die Verhältnisse, die zu einer sandreichen Küste passen, d. h. unter der Überschußlinie des nun gültigen Hauptfalls 1 entwickelt sich aus dem negativen Transport des Materials ein Sandriffsystem, das die Formen des sandarmen Reliefs überdeckt. Unter diesen Umständen kann die Geröllbank den Kern eines Sandriffes bilden.

3.5 Modellversuche

In den nachstehend beschriebenen Versuchen wurde die Umformung eines stetig ansteigenden ebenen Unterwasserhanges unter der Wirkung einer senkrecht auflaufenden Dünungswelle beobachtet und die dabei auftretenden Veränderungen der Welleneigenschaften, der Oszillationsgeschwindigkeiten in der Nähe der Sohle und die Entmischung des Korngemisches auf dem Hang überprüft.

3.51 Aufbau der Versuchsanlage

Diesem Versuche stand ebenfalls der 70,0 m lange, 3,0 m breite und 1,45 m tiefe Wellentank der Versuchsanstalt Potsdam zur Verfügung (Abb. 51). Der Unterwasserhang war im Verhältnis 1:51 geneigt. Der mittlere Korndurchmesser des Hangmaterials betrug $d_m = 0{,}16$ mm und die Wassertiefe an der Wellenmaschine $h_0 = 1{,}15$ m. Die zur Messung der Laufgeschwindigkeit, der Wellenabmessungen und der Oszillationsgeschwindigkeiten verwendeten Meßgeräte entsprachen denen, die auf den Seiten 18—21 beschrieben worden sind.

Da diese Versuche die Fortsetzung der im Teil 1 beschriebenen Messungen darstellen, waren neben den gleichen äußeren Bedingungen auch die Wellenabmessungen beizubehalten.

	H_0	L_0	L_0/H_0
Welle 1	0,219 m	7,08 m	32,4
Welle 2	0,290 m	5,00 m	17,2
Welle 3	0,168 m	4,56 m	27,1
Welle 4	0,121 m	3,31 m	27,7
Welle 5	0,114 m	2,70 m	23,8

Vor jedem Versuch, d. h. beim Wechsel des Wellentyps wurde die Oberfläche des Hanges spatentief umgegraben, festgestampft und geglättet (Abb. 52). Der so vorbereitete Hang unterlag solange der Einwirkung der auflaufenden Welle, bis seine Formen keine Veränderungen mehr zeigten. Während des Versuches wurde nach jeder abgelaufenen Versuchsstunde das Profil der Hangoberfläche in der Achse des Wellentankes mit einem Profilschreiber aufgenommen.

3.52 Messen des Hangprofils

Der Profilschreiber war an einem Meßwagen befestigt, der auf den auf beiden Wellentankwänden eingebauten, horizontal ausgerichteten Schienen lief. Er bestand aus einem Schlepphebel, einer elektrischen Übertragungsvorrichtung und einer Schreibtrommel. Der Schlepphebel war nach der STECHERschen Peilvorrichtung ausgebildet (Abb. 53). An dem unteren Ende des drehbar gelagerten, geradlinigen Stückes des Schlepphebels war ein weiteres Stück angeschlossen, das nach der Evolvente des Grundkreises mit dem Radius des geradlinigen Stückes gekrümmt war. Damit hatte die in Höhe des Schlepphebeldrehpunktes am Grundkreis gezogene vertikale Tangente stets die gleiche Länge wie der zugehörige Grundkreisbogen, d. h. bei jeder beliebigen Stellung des Evolventenstückes auf dem Hang war die Bogenlänge des Grundkreises stets gleich der vertikalen Höhendifferenz zwischen Drehpunkt und Profilhöhe. Demnach waren die Winkelausschläge des geradlinigen Hebelstückes der vertikalen Höhendifferenz proportional.

Diese Winkelausschläge wurden von dem geradlinigen Stück des Schlepphebels im Verhältnis 1:5 abgenommen und mit Hilfe einer gespannten Schnur auf die Schnurscheibe eines elektrischen Drehmelder-Gebers übertragen. Der Geber steuerte einen Drehmelder-Empfänger, dessen Schnurscheibe einen endlosen, leicht vorgespannten Draht bewegte, an dem eine Schreibfeder befestigt war. Die Schreibfeder zeichnete die Winkeländerungen auf eine Schreibtrommel auf, die durch ein auf der Schiene mitlaufendes Reibrad im Verhältnis 100:1 weitergedreht wurde, sobald der Profilschreiber auf den Schienen entlangrollte. So entstand eine genaue Abbildung der Hangform.

Diese Art der Profilaufzeichnungen erfaßte nicht die einzelnen Riffel auf der Hangoberfläche, denn das evolventenförmige Stück des Schlepphebels war mit einer Kufe versehen, deren Breite und Gewicht so abgestimmt waren, daß die Riffelkämme und -täler beim Abfahren des Profils ausgeglichen wurde. Die aufgezeichneten Profile geben also die Form des Unterwasserhanges ohne Riffel wieder.

3.53 Auswertung der Meßergebnisse

Der Ausgangszustand sowie die stundenweisen Veränderungen der Oberfläche des Unterwasserhanges sind auf den Anlagen 11 bis 15 aufgetragen. Außerdem ist auf diesen Anlagen das Profil wiedergegeben, bei dem die Wellendaten und die Oszillations-Geschwindigkeiten in der Nähe der Sohle für die einzelnen Versuche gemessen wurden. Dieses Profil erscheint auch auf den Anlagen, auf denen die Meßwerte der Wellen- und Oszillationsgeschwindigkeits-Messungen aufgetragen sind.

Die zum Abschluß der Versuche vorgenommenen Messungen der Wellendaten und der Oszillationsgeschwindigkeiten erfolgten in der gleichen Weise wie sie im Teil 1 beschrieben wurden.

Die Veränderungen der Welleneigenschaften sind auf den Anlagen 16 bis 20 und die der Oszillationsgeschwindigkeiten auf den Anlagen 21 bis 25 in Beziehung zur Wassertiefe zeich-

Abb. 51. Blick auf den Wellentank

Abb. 52. Versuchsvorbereitung

Abb. 53. Der Profilschreiber

nerisch dargestellt. In den Anlagen 26 bis 30 sind die Welleneigenschaften vor und nach dem Versuch tabellarisch erfaßt worden.

Zur Feststellung von Veränderungen des ursprünglich gleichmäßigen Korngemisches wurden nach Abschluß der einzelnen Dauerversuche aus den Riffelkämmen an markanten Punkten Sandproben in einer Stärke von 2 mm entnommen. Die entnommenen Proben hatten nach der Trocknung im Trockenofen ein mittleres Gesamtgewicht von 75 g. Die Proben wurden mit einem Siebsatz nach DIN 1171 in einzelne Kornfraktionen zerlegt sowie das Gewicht der Fraktionen mit einer Analysewaage festgestellt und in prozentuale Anteile des Gesamtgewichtes der Probe umgerechnet.

3.54 Ergebnisse der Versuche

3.54.1 *Entwicklung des Hangprofils durch die Wirkung der Welle 1*

Als maßgeblich für die Verlagerungsrichtung der Sinkstoffe sowie für die Ausbildung des Riffprofils wurde das Verhältnis der Wellenhöhe zum mittleren Korndurchmesser des Sohlmaterials gefunden. Dieses Verhältnis betrug für die Welle 1 $= 14{,}6 \cdot 10^3$ und hatte damit einen Wert, der, wie sich herausstellte, die negative Richtung als die bevorzugte Richtung der Sinkstoffbewegung anzeigt.

Solange die Welle noch auf den unverformten Hang auflief, waren die Veränderungen ihrer Eigenschaften so, wie sie schon im Teil 1 beschrieben wurden. Der Brechpunkt lag bei Profilpunkt 10, an dem die Wassertiefe 31,8 cm unter dem Ruhewasserspiegel betrug. Vom Brechpunkt an lief die Welle mit schäumendem Kamm unter relativ starker Energieabnahme weiter (Abb. 54 und 55). Erst kurz vor der Wasserlinie verschwand der schäumende Kamm, und die hervorgehende, stark verkleinerte Welle lief an der Wasserlinie mit einem Brecher aus. Während seewärts des Brechpunktes ein echter Wassertransport kaum vorhanden war, bildete sich strandwärts aus der an der Oberfläche translatorischen Bewegung der Wasserteilchen ein echter Wassertransport in Richtung zur Wasserlinie aus, der durch einen entsprechend starken Rückstrom an der Sohle kompensiert wurde. Diese Vorgänge wiederholten sich bei jeder der untersuchten Wellen, wobei lediglich die Länge des Laufweges des schäumenden Kammes und die Stärke des Wassertransportes mit der Wellenhöhe variierten.

Im gesamten Bereich der stündlich vermessenen und auf der Anlage 11 gezeigten Sohlfläche bewegte sich der Überschuß aus der positiven wie negativen Verlagerung in negativer Richtung. Besonders stark bildete sich dieser Überschuß unter der schäumenden Welle, unter dem Brechpunkt und auf einer kürzeren Sohlstrecke seeseits des Brechpunktes aus. Aus technischen Gründen konnte der Divergenzpunkt *B* sowie der Konvergenzpunkt *A* und der Punkt des Sandbewegungsbeginns in der Meßstrecke nicht erfaßt werden. Seeseits des Brechpunktes bildete sich bei Profilpunkt 12 in etwa 42 cm Wassertiefe die erste Akkumulationszone aus negativ verfrachteten Sinkstoffen aus, die relativ schnell anwuchs.

Mit der Änderung der Sohlform wurde der Laufweg des schäumenden Kammes kürzer. Die aus dem Brecher hervorgehende Welle nahm merklich an Höhe zu und brandete als Sturzbrecher vor der Wasserlinie. Der Brechpunkt der Ausgangswelle verlegte sich in seewärtiger Richtung. Außerdem nahm der Unterschied der Oszillationsgeschwindigkeiten im Bereich des Luvhanges mit dessen steiler werdender Neigung ab. Das Kleinerwerden des Geschwindigkeitsunterschiedes war von einer Abnahme der bislang in negativer Richtung versetzten Überschußmenge begleitet. Am Fuße des Luvhanges der Sandanhäufung wuchs mit dieser Entwicklung die Größe der negativen Verlagerung über die auf dem Luvhang abgebremste Verlagerung hinaus. So bildete sich bei Profilpunkt 16 eine weitere Sandanhäufung aus, die ihrerseits nach seewärts zu weiteren Anhäufungen, z. B. bei den Punkten 19 bzw. 22, Anlaß gab (Abb. 56).

Mit der Verringerung der Wassertiefen über dem Kamm des entstehenden ersten Riffes bei Punkt 12 verlegte die Welle ihren Brechpunkt auf dessen Leehang, wobei aus dem schäumenden Brecher ein Sturzbrecher wurde. Da die aus dem Sturzbrecher hervorgehende Welle größere Höhen aufwies als die Wellen, die sich aus dem schäumenden Brecher bildeten, wanderte ihr Brechpunkt nach seewärts und rief zwischen Riffkamm und Wasserlinie eine neue Sandanhäufung bei Profilpunkt 6 hervor. Diese Sandanhäufung ähnelte in Form und Bewegung einer Sandbank, weil unter dem Brecher eine zu geringe negative Verlagerung des Überschusses eintrat. Der Strandwall, der sich zunächst nur zögernd entwickelte, bildete sich nach der Umformung der Sohle beschleunigt aus (Abb. 57).

Abb. 54. Brechpunkt

Abb. 55. Schäumender Brecher

Abb. 56. Blick auf den umgebildeten Hang

Abb. 57. Strandwall

Die geschilderten Vorgänge erlahmten mit zunehmender Umbildung der Sohle und der Welleneigenschaften. Die Luvhänge der Sandanhäufungen, die als das innere und die äußeren Riffe anzusprechen sind, richteten sich in ihrer Neigung nach der Größe des an den jeweiligen Punkten unter der Welle auftretenden Geschwindigkeitsunterschiedes der Oszillationskomponenten. Bei einer bestimmten Neigung der Hänge glich sich der Unterschied der Geschwindigkeiten aus. In den strandseitigen Mulden und auf den Leehängen der äußeren Riffe blieb dagegen der Unterschied erhalten (Anlage 16 bzw. 21). Hier erlahmte die Verlagerung des Sohlmaterials in negativer Richtung erst später. Auf dem Leehang wie auf dem Kamm des inneren Riffes trat der Ausgleich der Sinkstoffmenge mit dem Sturzbrecher ein. Damit konnte der in der strandseitigen Mulde noch rege negative Überschuß den Riffkörper nicht mehr passieren. Es bildete sich am Fuße des Leehanges eine kleinere Sandanhäufung, in die der

Tauchstrahl des stürzenden Brechers eine scharf markierte Rinne grub. In den seeseitigen Mulden blieb die Verlagerungstendenz, wenn auch mit abnehmender Stärke, solange erhalten, bis mit der Änderung des Korngemisches auch hier ein Gleichgewichtszustand eintrat.

3.54.2 *Entwicklung des Hangprofils durch die Wirkung der Welle 2*

Unter der steileren und höheren Welle 2 wurde der Unterwasserhang in ähnlicher Form umgebildet. Das Verhältnis zwischen Wellenhöhe und mittlerem Korndurchmesser lag bei $19{,}3 \cdot 10^3$. Die Höhe der Zahl ließ nach den gemachten Erfahrungen eine Verlagerung des Sinkstoffüberschusses in negativer Richtung vermuten. Die Vermutung wurde bestätigt, doch machte sich bei dieser Welle der Einfluß des Wellentyps bemerkbar, und zwar rief die steilere Welle 2 einen weniger großen Überschuß in negativer Richtung hervor, obwohl die größere Höhe der Welle eine insgesamt größere Sinkstoffbewegung entstehen ließ. Diese Erscheinung erklärt sich aus dem anfänglich kleineren Geschwindigkeitsunterschied der Oszillationskomponenten, der trotz größerer aufwirbelnder Kraft der höheren Welle eine kleinere Verlagerung in eine bevorzugte Richtung hervorruft.

Der Einfluß des Wellentyps ist, wenn auch nicht ausschlaggebend, so doch vorhanden.

Entsprechend der kleineren Wellenlänge lag der Punkt des Bewegungsbeginns wie der Konvergenzpunkt A in geringerer Wassertiefe. Der Rückstrom bildete sich ungleichmäßig und sehr kräftig aus und ließ die Umbildung der Sohle zunächst uneinheitlich werden. Der Brechpunkt des schäumenden Brechers lag bei Profilpunkt 12 (Anlage 12). Die Wassertiefe unter dem ruhenden Wasserspiegel betrug dort etwa 39,8 cm. Die erste deutliche Anhäufung aus negativ verfrachtetem Material zeigte sich bei Profilpunkt 14 in 47,4 cm Wassertiefe. Mit dem Anwachsen dieses inneren Riffes bildete sich der seewärts liegende Teil des Unterwasserhanges in der schon in dem ersten Versuch beschriebenen Weise um (Abb. 58).

Mit zunehmendem Gleichgewichtszustand und Änderung der Welleneigenschaften (Anlage 17 bzw. 22) verlegte sich der Brechpunkt auf den Leehang des ersten Riffes. Die nach kurzer Übertragungsstrecke aus dem Sturzbrecher hervorgehende Welle brach noch einmal vor der Wasserlinie. Der kräftige Rückstrom ließ die Ausbildung einer weiteren Sandanhäufung zwischen der Wasserlinie und dem ersten Riff nicht zu. Der Strandwall bildete sich, sobald die Sohle strandwärts des Brechpunktes vertieft war und die neue, kräftigere, aus dem ersten Sturzbrecher hervorgehende Welle auf die Wasserlinie traf (Abb. 59).

Die Entmischung des Sohlmaterials winkelrecht zur Strandlinie trat in der in der Natur üblichen Form ein, und zwar lag im Endzustand das feinere Korn auf den Kämmen und das gröbere in den Mulden (s. Abb. 60). Der Strandwall wies in seinem unteren Teil das weitaus gröbste Gemisch auf, während in seinem oberen Teil der mittlere Korndurchmesser kleiner als der des Ausgangsmaterials war. Der Riffkamm des ersten Riffes bestand aus sehr feinem Korngemisch. Die strandseitige wie seeseitige Mulde des ersten Riffes und auch das zweite Riff zeigten eine gröbere Zusammensetzung.

3.54.3 *Entwicklung des Hangprofils durch die Wirkung der Welle 3*

Das Verhältnis von Wellenhöhe zum Korngemisch ergab für die 3. Welle den Wert $11{,}2 \cdot 10^3$. Der Brechpunkt des schäumenden Brechers lag bei Profilpunkt 8, an dem die Wassertiefe unter dem ruhenden Wasserspiegel 24 cm betrug. Der Divergenzpunkt B wie der Konvergenzpunkt A konnten bei Profilpunkt 5 bzw. 10 angenommen werden (Anlage 13). Mit der Festlegung der Punkte A und B entstanden 3 Zonen unterschiedlicher Verlagerungstendenz. In dem Bereich zwischen den Punkten A und B wanderte der Überschuß in negativer Richtung, wogegen in den äußeren Zonen der Überschuß positiv gerichtet war.

Bei Profilpunkt 10 entstand die erste Sandanhäufung aus dem strandseits dieses Punktes gelegenen Material des Unterwasserhanges. Fast gleichzeitig erwuchs bei Profilpunkt 12 eine Anhäufung aus positiv verfrachtetem Material, die aber nur langsam an Größe zunahm. Zwischen diesen Riffansätzen lag auf dem Luvhang des ersten Riffes der Konvergenzpunkt A. Mit wachsender Neigung des Luvhanges des 2. Riffes schwächte der Geschwindigkeitsunterschied der Oszillationskomponenten (Anlage 18 bzw. 23) und damit der Nachschub an positiv verlagerndem Material ab, während zwischen den Riffen die positiv gerichtete Verlagerungstendenz erhalten blieb. Bei größerer Ab- als Zuwanderung vertiefte die Mulde geringfügig. Aus dem Sturzbrecher, der auf dem Leehang des zum Gleichgewicht heranreifenden 1. Riffes

Abb. 58. Der umgebildete Unterwasserhang

Abb. 59. Strandwall

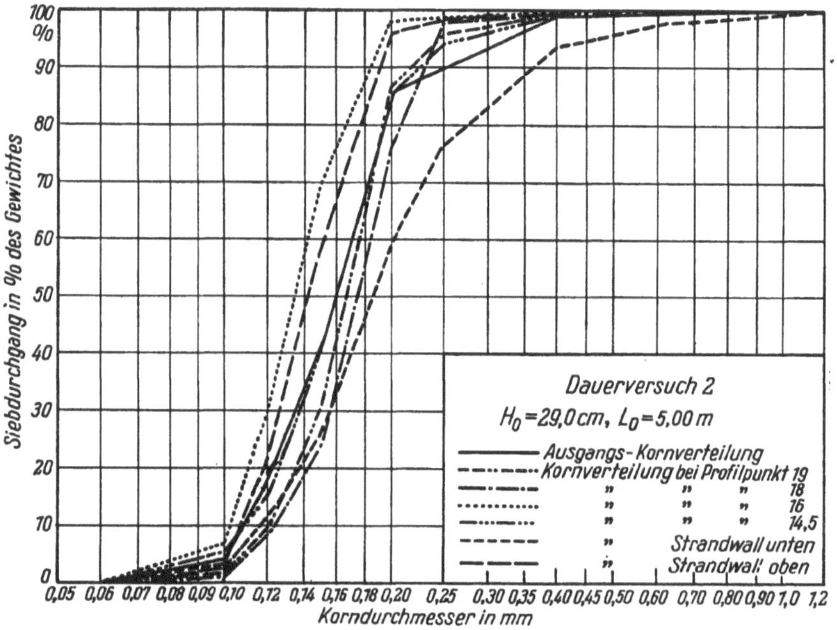

Abb. 60. Kornverteilung auf dem umgeformten Hang

lag, entstand eine neue Welle, die nach der Ausbildung des Sturzbrechers bei Profilpunkt 5,5 eine weitere Sandanhäufung aus positiv verfrachtetem Material hervorrief und den Strandwall beschleunigt aufbaute. Die Sandanhäufung war wegen der kaum merklichen negativen Verlagerungstendenz im Bereich ihres Leehanges nur als Sandbank anzusprechen.

Die Kornverteilungslinien (Abb. 61) zeigten für das 1. und 2. Riff wie für die strandseitige Mulde eine fast gleiche Zusammensetzung. Lediglich die Mulde zwischen dem 1. und 2. Riff

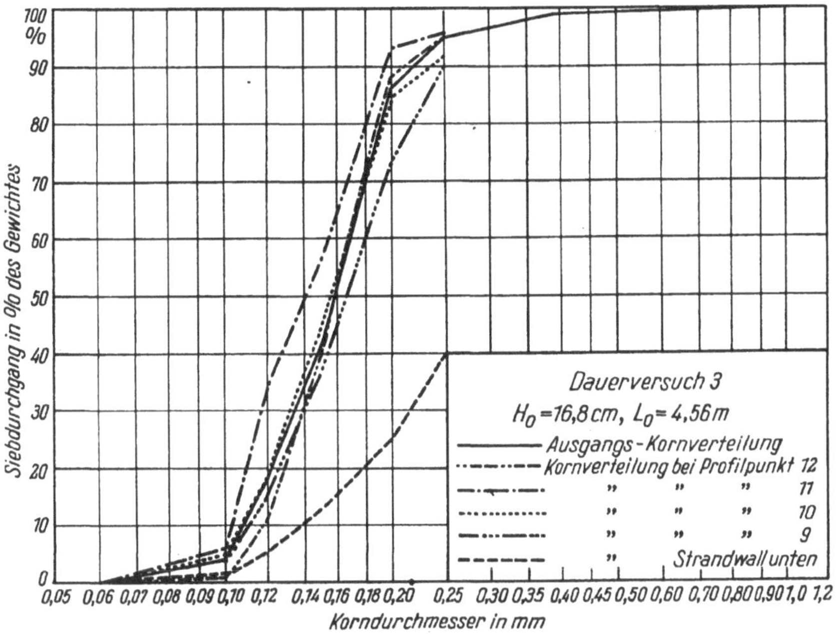

Abb. 61. Kornverteilung auf dem umgeformten Hang

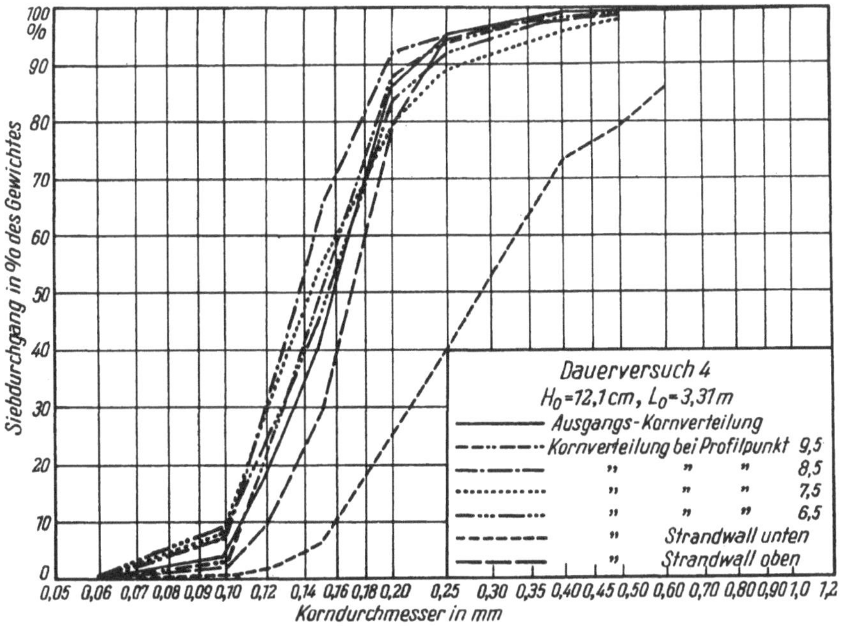

Abb. 62. Kornverteilung auf dem umgeformten Hang

wies feineres Korngemisch auf, da bei positiver Verlagerungstendenz nur ein verfeinertes Korngemisch den Gleichgewichtszustand herbeiführen kann. Der Strandwall zeigte wieder das insgesamt gröbste Korngemisch, speziell im unteren Teil des Hanges.

3.54.4 *Entwicklung des Hangprofils durch die Wirkung der Welle 4*

Der relativ kleine Verhältniswert der Welle 4 mit dem mittleren Korndurchmesser $H_0/d_m = 8{,}2 \cdot 10^3$ ließ vermuten, daß der Abstand zwischen Divergenz- und Konvergenzpunkt, falls vorhanden, sehr klein sein würde. Tatsächlich lag auch der Punkt B etwa bei Profilpunkt 6 und der Punkt A in etwa 2 m Abstand bei Profilpunkt 7 (Anlage 14). Der Bereich der negativen Verlagerung war damit eng begrenzt. Der Brechpunkt des zunächst schäumenden Brechers lag bei Profilpunkt 6 in einer Wassertiefe von 16, 2 cm.

Die erste Sandanhäufung bildete sich im Gebiet zwischen den Profilpunkten 7 und 9 durch negativ, überwiegend aber positiv verfrachtetes Material. Der Treffpunkt der Sinkstoffmengen beider Bewegungsrichtungen, der Konvergenzpunkt A, hob sich bald über seine Umgebung heraus und bildete auf der breiteren Sandanhäufung eine weitere Erhebung. Die größer werdende Neigung des unteren Teils des Luvhanges der ursprünglich breiten Anhäufungszone und die daraus entstehende Veränderung der Welleneigenschaften (Anlage 19) verlangsamten den Sandstrom von See her, so daß sich das flacher geneigte Gebiet am Fuße der aufgesetzten kleineren Sandanhäufung vertiefte, weil dort die positive Verlagerungstendenz noch ungeschwächt fortbestand, bis die Verfeinerung des Korngemisches den Gleichgewichtszustand eintreten ließ (Anlage 24). Dieser Vorgang gibt die Erklärung, daß unter der relativ kleinen Welle zwei ausgeprägte Riffe entstanden, von denen das seeseitige aus positiv verfrachtetem Material, das landseitige aus positiv und negativ verfrachtetem Material entstand. Die aus dem Sturzbrecher hervorgehende kleinere Welle baute bei Profilpunkt 4 eine Sandbank auf. Den Abschluß des Vorganges bildete wie stets der Aufbau des Strandwalls.

Das Korngemisch des 1. und 2. Riffes setzte sich aus den feineren Fraktionen des Ausgangsmaterials zusammen (Abb. 62). Noch feineres Material wiesen die Mulden strandseits des 1. und 2. Riffes auf. Diese Erscheinung zeigt wieder, daß die positive Verlagerungstendenz ohne ein Abklingen des Geschwindigkeitsunterschiedes nur durch die Verfeinerung des Korngemisches in den Gleichgewichtszustand gebracht werden kann. Das weitaus gröbste Korngemisch zeigte der Strandwall in seinem unteren Teil.

3.54.5 *Entwicklung des Hangprofils durch die Wirkung der Welle 5*

Die kleine Höhe der 5. Welle ließ den Verhältniswert H_0/d_m auf $7{,}6 \cdot 10^3$ abfallen. Von vornherein war nach diesem Wert anzunehmen, daß die Sinkstoffe bevorzugt in positiver Richtung transportiert wurden. Der Brechpunkt der Welle lag bei Profilpunkt 6, von dem aus der Brecher schäumend weiterlief. Die Brecherwassertiefe betrug 16 cm (Anlage 15). Die Punkte A und B lagen sehr eng zusammen; sie ließen nur in einem kleinen Bereich zwischen den Profilpunkten 6 und 7 eine negative Verlagerungstendenz zu. Die erste Sandanhäufung bildete sich zwischen Profilpunkt 7 und 8 im Konvergenzpunkt A aus, und zwar aus Sinkstoffen, die sowohl von der Land- wie von der Seeseite zum Konvergenzpunkt A wanderten. Die Wirkung der anwachsenden Neigung des Luvhanges auf die Welleneigenschaften (Anlage 20 bzw. 25) milderte die positive Wandertendenz auf diesem Hang. Gleichzeitig verstärkte die größer werdende Neigung des Leehanges die Translationsbewegung der Wasserteilchen, die den negativen Transport vollkommen ausschaltete, so daß die landseits des Leehanges herrschende positive Wandertendenz die Mulde vertiefen konnte. Aus der positiven Verlagerung entstand eine Sandanhäufung zwischen den Profilpunkten 5 und 6. Am Fuße des Luvhanges des Riffes zwischen den Profilpunkten 8 und 9 häufte der noch nicht abgeschlossene positive Transport weiterhin Material an. Diese Anlandung ließ den Brechpunkt seewärts bis zum Profilpunkt 8 wandern, so daß landseits des rückverlegten Brechpunktes erneut ein Gebiet negativen Transportes entstand und das zuerst entstandene Riff abgetragen wurde.

Landseits des Gleichgewichtsbereiches des neuen Riffs blieb die Wanderrichtung des Materials positiv. Das verfrachtete Material verschob die Sandbank allmählich in Richtung auf die Wasserlinie zu und baute gleichzeitig den Strandwall auf, bis der Gleichgewichtszustand

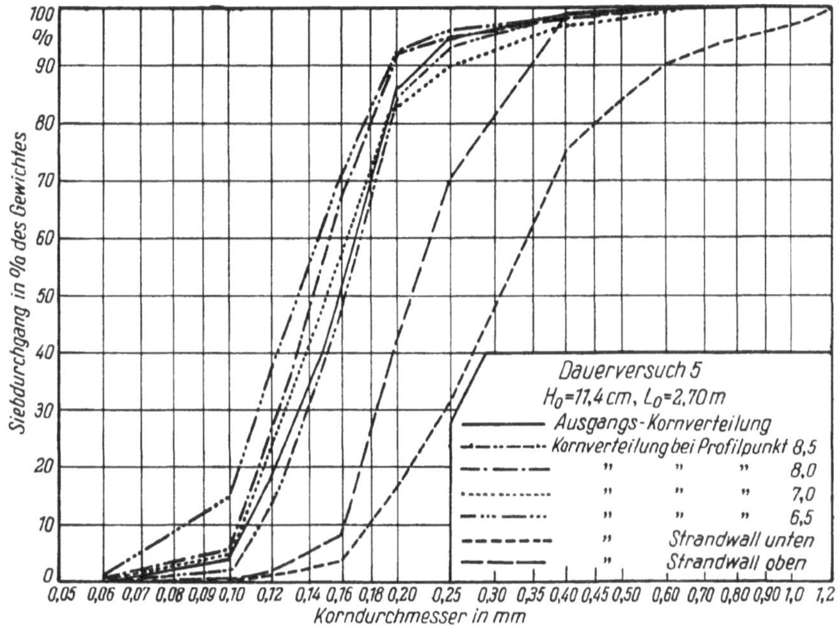

Abb. 63. Kornverteilung auf dem umgeformten Hang

Abb. 64. Der umgebildete Unterwasserhang

Abb. 65. Strandwall

eintrat (Abb. 64 und 65). Auch in diesem Fall waren die feineren Fraktionen der bewegten Sinkstoffmenge in den beiden Mulden zu finden, während die gröberen Fraktionen das Aufbaumaterial der Riffe bildeten (Abb. 63). Ebenso wies der Strandwall, speziell im unteren Teil seines seeseitigen Hanges, sehr grobes Material auf, das wie das feinere Material des oberen Hangteils gröber als das Ausgangsmaterial war. Es ist also bei vorwiegender Verlagerung der Sinkstoffe in positiver Richtung das gröbere Material auf den Riffkämmen und das feinere in den Mulden zu finden, wobei das Material der Riffkämme, wie aus den Kornverteilungslinien zu ersehen ist, bei kleinem Verhältnis von Wellenhöhe zum mittleren Korndurchmesser gröber als das Ausgangsmaterial werden kann.

3.54.6 *Veränderungen der Welleneigenschaften*

Die Veränderungen der Welleneigenschaften, die mit dem Auflaufen der Welle auf den umgeformten Hang eintreten, weichen im allgemeinen nur wenig von denen ab, die über dem geradlinig geneigten Hang entstehen.

Die Laufgeschwindigkeit der Welle wird nach wie vor von ihrer Länge und der Wassertiefe bestimmt, und da die Welle relativ schnell auf die Bodenform reagiert, werden die Riffe und Mulden zu Verzögerungs- bzw. Beschleunigungsstrecken. Obwohl die Geschwindigkeit über den Riffen abfällt und über den Mulden anwächst, entspricht ihre Größe der jeweiligen Wassertiefe, so daß die Formel (2) auch für die Laufgeschwindigkeit der Wellen über umgeformte Hänge angesetzt werden kann.

Die Schwingungsdauer bleibt konstant, und mit der Verzögerung und Beschleunigung der Laufgeschwindigkeit wird die Wellenlänge über den Riffen kürzer bzw. über den Mulden länger.

Die Höhen der Wellen nehmen zunächst bis zu einer bestimmten Wassertiefe ab, um mit weiter abnehmender Wassertiefe wieder größer zu werden. Dieser allmählich eintretende Vorgang wird an den Riffen und Mulden von dem relativ plötzlich eintretenden Anwachsen und Abfallen der Höhen überlagert. Das Verkürzen der Längen und das Anwachsen der Höhen treten zu gleicher Zeit auf, so daß die Welle über den Luvhängen der Riffe steiler wird und sich dem Zustand nähert, in dem sie brechen kann. Diese Tendenz wird mit abnehmender Wassertiefe stärker, bis der Brecher eintritt. Im Brechpunkt erreichen die über den umgeformten Hang laufenden Wellen nicht die Höhen, die sie über dem geradlinigen Hang annehmen. Dafür brechen sie in größerer Wassertiefe, so daß das Verhältnis Brecherwassertiefe/Brecherhöhe einen größeren Wert annimmt.

Die Geschwindigkeitsspitzen der Oszillationskomponenten lassen größere Abweichungen erkennen. Die Geschwindigkeitsspitzen der positiven Komponente werden über den Luvhängen der Riffe gebremst und die der negativen Komponente beschleunigt. Beide Komponenten verändern dabei ihre Geschwindigkeit so, daß ein Ausgleich des Geschwindigkeitsunterschiedes eintritt. Darüber hinaus nimmt häufig die Geschwindigkeitsspitze der negativen Komponente größere Werte an als die der positiven. Es erscheint dann ein Geschwindigkeitsunterschied mit umgekehrten Vorzeichen, der sich aus der steilen Neigung der Luvhänge ergibt.

Auf die Dauer der Schwingungskomponenten macht sich die wechselnde Wassertiefe des umgeformten Hanges nicht sonderlich bemerkbar. Die Abnahme der Dauer der positiven Komponente und die Zunahme der Dauer der negativen Komponente entsprechen denen, die bei geradlinig geneigten auftreten.

Das Hauptergebnis der Beobachtungen und Messungen liegt in der Bestätigung der angeführten Gedanken über die Entstehung und Entwicklung des Hangreliefs.

3.6 Zusammenfassung

Der wechselseitige Einfluß, den die Welle und das mit kohäsionslosem Sand bedeckte Relief des strandnahen Unterwasserhanges aufeinander ausüben, führt zu gesetzmäßigen Verformungen sowohl der Welle wie des Reliefs, die durch das Bestreben zum Gleichgewicht bedingt sind.

Die auffälligste Formengruppe des Litorals stellen die Sandriffe dar. Ihr Entstehen, das bislang nicht befriedigend erklärt werden konnte, läßt sich aus Modellmessungen und -beobachtungen zwanglos deuten, und zwar entwickelt sich die morphologische Großform des Riffes aus der Sinkstoffbewegung über den Riffeln, also aus einer Kleinform des Litorals, die unter dem Einfluß der Welle entsteht. Die über den Riffeln bewegte Sinkstoffmenge läßt sich deutlich in sechs Anteile trennen, von denen je drei auf eine Schwingungskomponente entfallen, und zwar

1. der Anteil, der vom Luvhang des Riffels auf den Leehang geschoben wird,
2. der Anteil, der, in Suspension gehend, direkt in Richtung der Bewegung transportiert wird, d. h. nicht durch den Leewirbel geht,
3. der Anteil, der durch den Leewirbel geht und durch die entgegengesetzte Schwingungskomponente versetzt wird.

Die Anteile 1 und 2 lassen sich zu einem Anteil zusammenfassen, da beide Anteile dieselbe Bewegungsrichtung haben und sich aus den gröberen Fraktionen der insgesamt bewegten Sinkstoffmenge zusammensetzen.

Die Beobachtung der einzelnen Sinkstoffanteile an jeder Stelle des Hanges führt anhand der Geschwindigkeitsspitzen der Oszillationskomponenten zur Konstruktion von Massenlinien, die, zusammengefaßt, Überschußlinien der Sinkstoffbewegung ergeben. Diese Überschußlinien gestatten qualitative Aussagen über die Sinkstoffbewegung und die Gestaltung des Reliefs des Unterwasserhanges.

Zwei wesentliche Fälle sind für die Sinkstoffbewegung entscheidend, und zwar einmal der Fall, bei dem das Verhältnis von Wellenhöhe zum mittleren Korndurchmesser des Sandgemisches groß ist, d. h. eine große Welle relativ kleines Korn überläuft, zum anderen der Fall, bei dem dieses Verhältnis klein ist, d. h. eine kleine Welle auf relativ grobes Korn trifft. Unter der ersten Voraussetzung wird die Sinkstoffbewegung im wesentlichen durch die Sinkstoffanteile der Leewirbel bestimmt, deren Überschußmenge und damit die Gesamtüberschußmenge meist seewärts gerichtet ist. Unter der zweiten Voraussetzung geben die direkt verfrachteten Anteile den Ausschlag, deren Überschuß und somit der Gesamtüberschuß meist landwärts gerichtet ist. Zwischen diesen Möglichkeiten liegt ein Grenzfall, der gleichzeitig die untere Grenze des Verhältniswertes angibt, bei dem noch eine Riffbildung möglich ist. Ein kleineres Verhältnis läßt nur das Bilden einer Sandbank zu. Die obere Grenze, über die hinaus eine Riffbildung nicht mehr möglich ist, ergibt sich aus der Erscheinung, daß der größere Teil der erfaßten Sinkstoffmenge die Wellenperiode schwebend übersteht.

Als maßgebliche Faktoren der Riffbildung sind also die Größe der Welle und die Zusammensetzung des Korngemisches anzusehen. Der Wellentyp greift nur untergeordnet in den Vorgang der Riffbildung ein. Wellengröße und Korngemisch bestimmen aber auch die Verlagerungsrichtung der Sinkstoffe. Fast ausschließlich werden die Riffe aus Material aufgebaut, das von dem ufernahen Teil des Unterwasserhanges stammt und nach seewärts transportiert wird. Nur im Grenzfall, in dem lediglich ein Riff entstehen kann, wird der Luvhang des Riffes aus Material aufgebaut, das dem seeseitigen Teil des Hanges entstammt. Das Entstehen mehrerer Riffe läßt sich demnach nur aus einem seewärtigen Sinkstofftransport erklären, wobei die Entwicklung der äußeren Riffe von einer Brecherzone unabhängig wird.

Zwischen Wellen und dem Relief des Hanges tritt unter bestimmten Bedingungen ein Gleichgewichtszustand ein, und zwar ist an jeder Stelle des Hanges die Summe der ankommenden

Kornmasse gleich der Summe der entnommenen Kornmasse, wenn bei überwiegend landwärtiger Verlagerung des Überschusses

1. unter Wellen unveränderter Abmessungen das Korngemisch verfeinert wird, oder bei unverändertem Korngemisch die Wellenabmessungen größer werden,
2. der Geschwindigkeitsunterschied der Oszillationskomponenten verschwindet.

Bei überwiegend seewärtiger Verlagerung entsteht der Gleichgewichtszustand, sobald

1. das Korngemisch bei gleichbleibenden Wellendimensionen gröber oder bei gleichbleibendem Korngemisch die Welle kleiner wird,
2. der Unterschied der Oszillationsgeschwindigkeit verschwindet,
3. die Grenzgeschwindigkeit der zum Wellental gehörenden (negativen) Oszillationskomponente größer als die der zum Wellenberg gehörenden (positiven) Komponente, dagegen die Zeitdauer der positiven sehr viel kleiner als die der negativen Komponenten wird,
4. die rotierende Bewegung der Wasserteilchen zum Teil in eine translatorische Bewegung übergeht.

Nach diesen Bedingungen ist für die Luv- und Leehänge der Riffe sowie für die Mulden ein Gleichgewichtszustand zu erreichen. Der Gleichgewichtszustand ist aber nur unter Wellen einheitlicher Abmessungen möglich. Die Riffe der Natur, die als mittleres Gebilde verschiedener Wellengrößen und -typen anzusehen sind, stehen zu keinem Zeitpunkt im Gleichgewicht. Jedes Naturriff erleidet unter der jeweils anlaufenden Welle eine Verformung, ist also stets im Umbau begriffen. Die Summe der Umbauten läßt das Riff als Gleichgewichtsform des betreffenden Seeganges erscheinen.

Änderungen der Wellen- und Wasserstandsverhältnisse lassen Veränderungen in der Form und Lage der Riffe speziell des inneren Riffes entstehen. Ein zunehmender Seegang ruft im wesentlichen negative Verlagerung der Sinkstoffe hervor und verlegt die Riffe nach seewärts. Der abfallende Seegang gestaltet den Transport im allgemeinen positiv und verlegt die Riffe nach landwärts. Das Ansteigen des Wasserstandes bei gleichbleibendem Seegang ruft seeseits des Brechpunktes positiven, landseits, besonders auf dem bei Normalwasser trockenen Strand, negativen Transport hervor. Ist das Ansteigen des Wasserstandes mit einer Zunahme des Seeganges verbunden, setzt ein verstärkter negativer Transport auf dem oberen Teil des von der Welle berührten Hanges ein. Das Absinken des Wasserstandes läßt seeseits des Brechpunktes negative und landseits positive Verlagerung der Sinkstoffe entstehen. Die Verbindung von abnehmendem Seegang mit absinkendem Wasserstand kann ausschließlich positive Wanderung des Materials hervorrufen. Die Sinkstoffe, die in relativ kurzer Zeit negativ verlagert werden, sind nur langsam und nicht vollständig in positiver Richtung zurückzuverlagern.

Bei winkelrechtem Transport, d. h. bei ausschließlich küstennormal gerichteten Komponenten der Wellenbewegung kann kein Material der Küstenstrecke verloren gehen. Diese Aussage ist nicht mehr gültig, sobald der Seegang schräg auf die Wasserlinie zuläuft. Die dabei auftretenden küstenparallelen Komponenten der Wellen, die den Brandungsstrom ausbilden, lassen in Verbindung mit dem Triftstrom auf dem Meeresboden ein vielseitiges Strömungsbild entstehen. Während die verkürzten küstennormalen Komponenten der Welle die Ausbildung des Hangreliefs in der beschriebenen Form erstreben, geben die küstenparallelen Komponenten, je nach den äußeren Verhältnissen den Anlaß zur Ausbildung einer Abtragungs-, Anlandungs- oder Ausgleichsküste, je nachdem, ob der Materialhaushalt eine negative, positive oder ausgeglichene Bilanz aufweist.

Neben der Umformung des Hanges findet winkelrecht zur Wasserlinie eine Entmischung des bewegten Sandmaterials statt. Solange der geradlinig geneigte Unterwasserhang noch keine Umformung zeigt, sucht jede Kornfraktion die Wassertiefe auf, in der sie den Übergang von direkter zu indirekter Verfrachtung durchmacht, so daß eine spektrale Verteilung der Korngrößen entsteht, falls nicht die Umformung des Hanges diesen Vorgang verhindert.

Ein relativ schnell anwachsendes Riffsystem läßt nach der beschriebenen Anschauung auf dem Riffkamm die feineren Fraktionen und in den Mulden die gröberen Fraktionen vorfinden. Darüber hinaus ist aber eine umgekehrte Anordnung auch möglich, und zwar unter der Bedingung, daß bei kleinem Verhältnis von Wellenhöhe zur Korngröße der Riffkörper zum Teil aus Material aufgebaut wird, das landwärts verfrachtet wird. In diesem Fall sind die gröberen Fraktionen der insgesamt bewegten Sinkstoffmenge auf dem Kamm anzutreffen, während die feineren in den Mulden liegen.

Wird das Riff durch eine Welle konstanter Abmessungen gebildet, ist der gesamte Riffkörper aus einem einheitlichen Korngemisch aufgebaut, d. h. eine Vergröberung des Aufbaumaterials vom Riffmantel zum Riffkern kann nicht eintreten. Die häufig bei Naturriffen anzutreffende Vergröberung des Materials zum Riffkern hin, sowie das Auffinden einer Geröllbank im Innern des Riffes ist aus jahreszeitlich wechselnden Seegangsverhältnissen sowie aus dem Wechsel des Zustandes des betreffenden Küstenabschnittes zu erklären.

Ein weiterer Entmischungsvorgang findet parallel zur Wasserlinie auf den Riffkämmen, und zwar in Richtung des vorherrschenden Seeganges statt, durch dessen wechselnde Intensität die feineren Fraktionen bevorzugt transportiert werden. Mit der Verfeinerung des Aufbaumaterials verlagern die Riffe ein wenig nach seewärts. Hierin ist aber nicht der Grund des seewärtigen Ausbiegens, des Untertauchens und des Auflösens der Wirkung der Riffe zu sehen. Die Ursache dieses eigenartigen Verhaltens ist in der Wirkung des Brandungsstromes zu suchen, der mit wachsender Stärke mehr und mehr Einfluß auf das kombinierte Strömungsbild am Meeresboden nimmt und die aus der Wellenbewegung hervorgehende Bewegung der Sinkstoffe allmählich verlöschen läßt.

4 Schlußbetrachtungen

Mit den vorliegenden Aussagen qualitativer Art über die Wechselbeziehungen zwischen der Welle und dem Sediment glaubt der Verfasser eine befriedigend exakte Zergliederung des Komplexes Welle/Sediment gefunden zu haben. Die Arbeit erhebt keinen Anspruch auf Vollständigkeit, da die Probleme der Sedimentation im Litoral zu zahlreich und zu verwickelt sind. Auch auf Aussagen quantitativer Art wurde verzichtet; sie sollen zu einem späteren Zeitpunkt nach Abschluß der derzeitigen Messungen in einer weiteren Arbeit die angeführten Gedanken erhärten. Doch schon in der Kenntnis des morphologischen Geschehens auf dem strandnahen Unterwasserhang liegt ein hoher praktischer Wert für viele Volkswirtschaftszweige, die in engster Fühlung mit dem Komplex Welle/Sediment stehen. Diese Kenntnisse werden ein Urteil über den Wert und die Zweckmäßigkeit vieler Wasserbauten erlauben. Sie werden die Möglichkeit geben, das teilweise Versagen der Bauten des Küstenschutzes oder der Schiffahrt zu vermeiden und Entscheidungen zu treffen, unter welchen äußeren Bedingungen z. B. Seebuhnen, Deck- und Längswerke, Molen und gebaggerte Fahrrinnen anzulegen sind und unter welchen Verhältnissen sie die in sie gesetzten Erwartungen nicht erfüllen können. Das Vermeiden von Fehlplanungen der meist mit großen Herstellungskosten verbundenen Wasserbauten wird für unsere Volkswirtschaft von großem Nutzen sein.

5 Literaturverzeichnis

[1] Airy, B. G.: On Tides and Waves. Encyklopaedia metropolitana, 1842.

[2] Beach Erosion Board: The Bulletin of the Beach Erosion Board, Spezial Issue No. 2, March 1953. Department of the army, corps of engineers, Washington D. C.

[3] Blau, E.: Die Messung der Geschwindigkeitsoszillation in Wellen und der Sedimentbewegung. Wasserwirtschaft/Wassertechnik, H. 8 (1956).

[4] Blau, E.: Modellversuche mit beweglicher Sohle in See- und Seehafenbau ohne Tideströmungen. Wasserwirtschaft/Wassertechnik, H. 10, (1954).

[5] Braun, G.: Entwicklungsgeschichtliche Studien aus europäischen Flachlandküsten. Veröff. Inst. Meereskde. H. 15 (1911).

[6] Bruns, E.: Handbuch der Wellen der Meere und Ozeane. VEB Deutscher Verlag der Wissenschaften, Berlin 1955.

[7] Bülow, K. v.: Allgemeine Küstendynamik und Küstenschutz. Beiheft zur Zeitschrift Geologie Nr. 10 (1954).

[8] Daily, J. W. und Stephan, S. C.: Charakteristic of the Solitary Wave. Proceedings — Am. Soc. of Civil Eng., 77 (1951).

[9] Engelhardt, W. v.: Über die Schwermineralsande der Ostseeküste zwischen Warnemünde und Darßer Ort und ihre Bildung durch die Brandung. Z. angew. Mineralogie 1 (1937) 1.

[10] Evans, O. F.: The Law and Ball of the Eastern Shore of Lake Michigan. Jour. Geology 58 (1940) S. 476.

[11] Forschungsanstalt für Schiffahrt, Wasser- und Grundbau, Berlin: Bericht über „Modellversuche für den Küstenschutz" vom 31. März 1957 (unveröff.).

[12] Forschungsanstalt für Schiffahrt, Wasser- und Grundbau, Berlin: Bericht über „Modellversuche für das Gleichgewicht der Schorre" vom 31. August 1957, (unveröffentlicht).

[13] Gaye, J.: Die Wanderung der Sandriffe vor den ostfriesischen Inseln. Bautechnik 13 (1935) 41, S. 555—567.

[14] Geib, K. W.: Meeresgeologische Untersuchungen im Bereich der ostpommerschen Küste von Stolpemünde bis zur ehemaligen deutsch-polnischen Grenze. Geol. Meere und Binnengewässer 7 (1944) H. 1.

[15] Griesseier, H. und Vollbrecht, K.: Untersuchungs- und Beobachtungsergebnisse über einige Gesetzmäßigkeiten im litoralen Geschehen. Acta Hydrophysica 2 (1954/55).

[16] Griesseier, H. und Vollbrecht, K.: Zur Problematik der modellmäßigen Darstellung litoraler Prozesse. Mitt. d. Hannoverschen Versuchsanstalt f. Grundbau und Wasserbau, H. 11 (1957).

[17] Hartnack, W.: Über Sandriffe. Jahrb. Pomm. Geogr. Ges. 40—42, Greifswald 1924.

[18] Iversen, H. W.: Waves and Breakers in Shoaling Water. Proc. III. Conf. on Coastal Engineering, 1952.

[19] Johnson, J. W.: Engineering Aspects of Diffraction and Refraction. Proceedings ASCD 78 (1952) 122.

[20] Kaufmann, H.: Rhythmische Phänomene der Erdoberfläche. Verlag von Friedr. Vieweg & Sohn, Akt.-Ges. Braunschweig 1929.

[21] Kaufmann, W.: Technische Hydro- und Aerodynamik. Springer-Verlag 1954.

[22] Keller, J. B.: The Solitary Wave and Periodic Waves in Shallow Water. Ann. New York Acad. Science 51 (1948—51).

[23] Keulegan, G.: An Experimental Study of Submarine Sand Bars. Beach Erosion Board, Chief of Engineers, Technical Report, Nr. 3 (1948).

[24] Kibel, I. A., Kotschin, N. J., Rose, N. W.: Theoretische Hydromechanik. Akademie-Verlag, Berlin 1954.

[25] Kirschmer, O.: Die Theorie der Meereswellen als Grundlage von Modellversuchen für Seebauten. MAN Forschungsheft, 2. Halbjahr 1952.

[26] KNAPS, R.: Prüfung der Formel von Prof. Munch-Petersen über Materialwanderung an der lettischen Küste. VI. Balt. Hydrologische Konferenz, Bln. 1938.

[27] KOZENY, J.: Hydraulik. Springer-Verlag, Wien 1954.

[28] KOLP, O.: Sedimentsortierung und -umlagerung am Meeresboden durch Wellenwirkung. Petermanns Geogr. Mitt., 1958, 3. Quartalsheft.

[29] KÖRNER, B.: Die Sinkstoffe der Küstengewässer. Ein Überblick über den Stand der Forschung. Die Küste, H. 4 (1955).

[30] KRÜMMEL, O.: Handbuch der Ozeanographie. Stuttgart 1911.

[31] LARISCH-MOENNICH, P.: Sturmsee und Brandung. Bd. 33 der Monographien zur Erdkunde, Bielefeld und Leipzig 1925.

[32] LAMPRECHT, H. O.: Brandung und Uferveränderungen an der Westküste von Sylt. Mitt. d. Hannoverschen Versuchsanstalt f. Grundbau und Wasserbau, H. 8 (1955).

[33] LUDWIG, G.: Die Beziehungen zwischen der Fazies litoraler Sedimente der Ostsee und der Stabilität des Küstenbereiches. Geologie 6 (1957) H. 6/7.

[34] MAGENS, C.: Brandungsuntersuchungen an den Küsten von Fehmarn und Nordwagrien. Die Küste H. 1 (1957).

[35] MAGENS, C.: Seegang und Brandung als Grundlage für Planung und Entwurf im Seebau und Küstenschutz. Mitt. d. Hannoverschen Versuchsanstalt f. Grundbau und Wasserbau, H. 14 (1958).

[36] MASON, M. A.: Surface Water Wave Theories. Proceedings ASCE 78 (1952) 120.

[37] MASON, M. A.: The Transformation of Waves in Shallow Water. Proc. 0, Conf. on Coastal Engineering, 1950.

[38] MINIKIN, R. R.: Coast Erosion and Protection Studies in Causes and Remedies. The Dock and Harbour Authority, London 1950 und 1952.

[39] MUNK, H. W. und TRAYLOR, M. A.: Refraction of Ocean Waves. Process linking Underwater Topography to Beach Ercsion. Scripps Inst. Oceanogr. Contribution 307 (1947). 1/25, J. 55.

[40] MUNK, H. W.: The Solitary-Wave Theory and its Application to Surf Problem. Ann. New York Acad. Science 51 (1948/51).

[41] OTTO, TH.: Der Darß und Zingst. Jahresber. Geogr. Ges., Greifswald, 13 (1911/12).

[42] PRATJE, O.: Die Materialwanderung an den Küsten der Ostsee und ihre Berechnung nach der Formel von Munch-Petersen. VI. Balt. Hydrologische Konferenz, Berlin 1938.

[43] RALLS, G. C.: A Ripple Tank Study of Wave Refraction. Proceedings Am. Soc. of Civil Eng. 82 (1956).

[44] REINHARD, H.: Der Bock, Entwicklung einer Sandbank zur neuen Ostsee-Insel. Erg. H. Nr. 251 zu Petermanns Geogr. Mitt. 1953.

[45] SHEPARD, F. P.: Longshore-Bars and Longshore Troughs. Techn. Memorandum 15, Beach Erosion Board, Chief of Engineers, 1950.

[46] SCHMITZ, H. P.: Küstenschutz und wissenschaftl. Grundlagenforschung. Wasserwirtschaft-Wassertechnik 7 (1957).

[47] SUQUET, F. und WALLET, A.: Basic Experimental Wave Research. Proc. Minnesota International Hydraulics Convention, Part II. Minneapolis, Minnesota, September 1—4, 1953.

[48] VOLLBRECHT, K.: Aufbau, Veränderlichkeit und Auflösung von Sandriffen. Geologie 6 (1957) H. 8.

[49] VOLLBRECHT, K.: Zur Küstendynamik gezeitenfreier Meere. Wasserwirtschaft-Wassertechnik 3 (1953) H. 1.

[50] VOLLBRECHT, K.: Zur Frage der Sedimentbewegung im litoralen Gürtel. Acta Hydrophysica 2 (1954) H. 2.

[51] VOLLBRECHT, K.: Beiträge zum Problem brandender Wellen. Acta Hydrophysica 2 (1954) H. 1.

[52] WIEGEL, R. L. und BEEBE, K. B.: The Design Wave in Shallow Water. Proc. ASCE 82 (1956) P. 910.

[53] WIRTZ, D.: Die Beziehungen zwischen submariner Abtragung und Sandwanderung an der Küste Pommerns. Mitt. Geolog. Staatsinst. Hamburg, H. 18, (1949).

[54] ZSCHIESCHE, O.: Die Zweckmäßigkeit von Modellversuchen für seebauliche Maßnahmen an Häfen, in Seewasserstraßen und für den Küstenschutz. Wasserwirtschaft/Wassertechnik, H. 12 (1956).

6 Verzeichnis der Anlagen

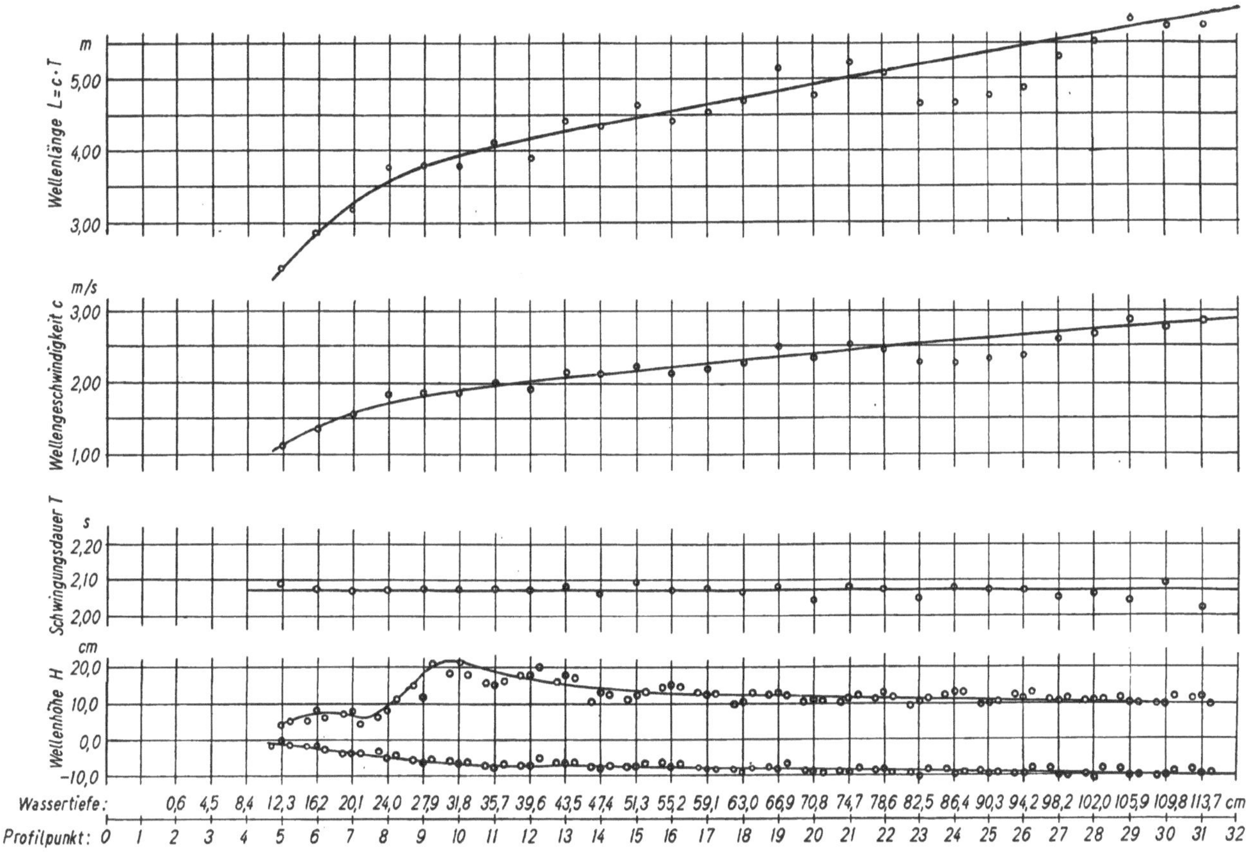

Anlage 1. Wellenmessung 1. Eigenschaftsänderungen der auf einen geradlinig geneigten Unterwasserhang laufenden Welle $H_0 = 21{,}9$ cm $L_0 = 7{,}08$ m

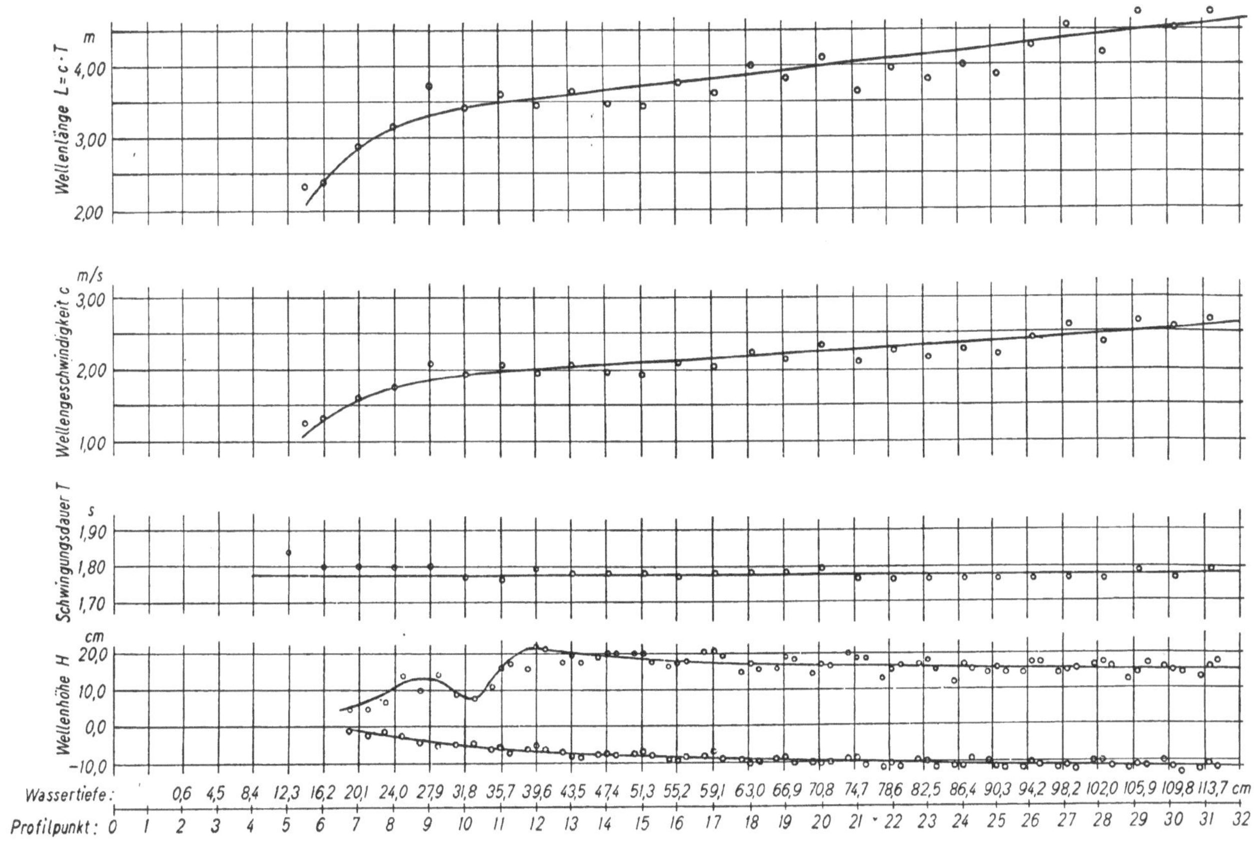

Anlage 2. Wellenmessung 2. Eigenschaftsänderungen der auf einen geradlinig geneigten Unterwasserhang laufenden Welle $H_0 = 29{,}0$ cm $L_0 = 5{,}00$ m

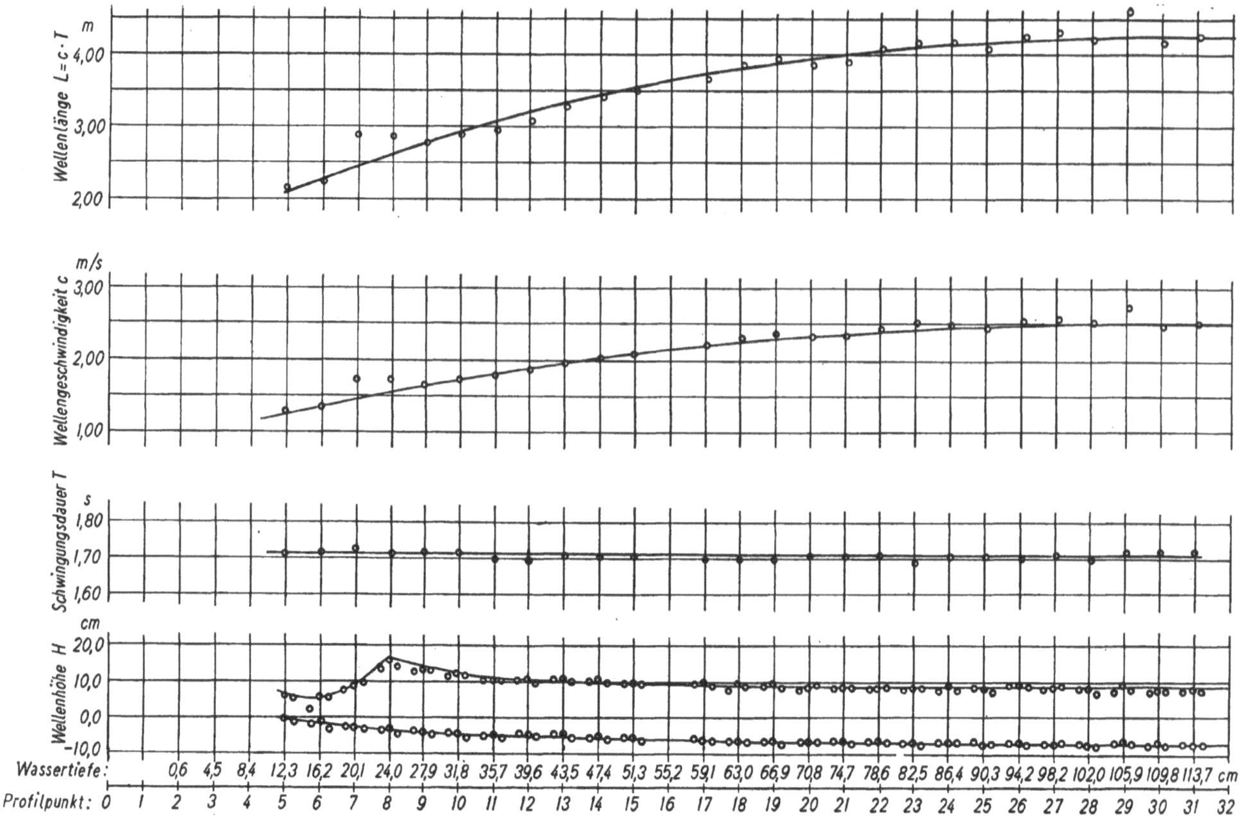

Anlage 3. Wellenmessung 3. Eigenschaftsänderungen der auf einen geradlinig geneigten Unterwasserhang laufenden Welle $H_0 = 16{,}8$ cm, $L_0 = 4{,}56$ m

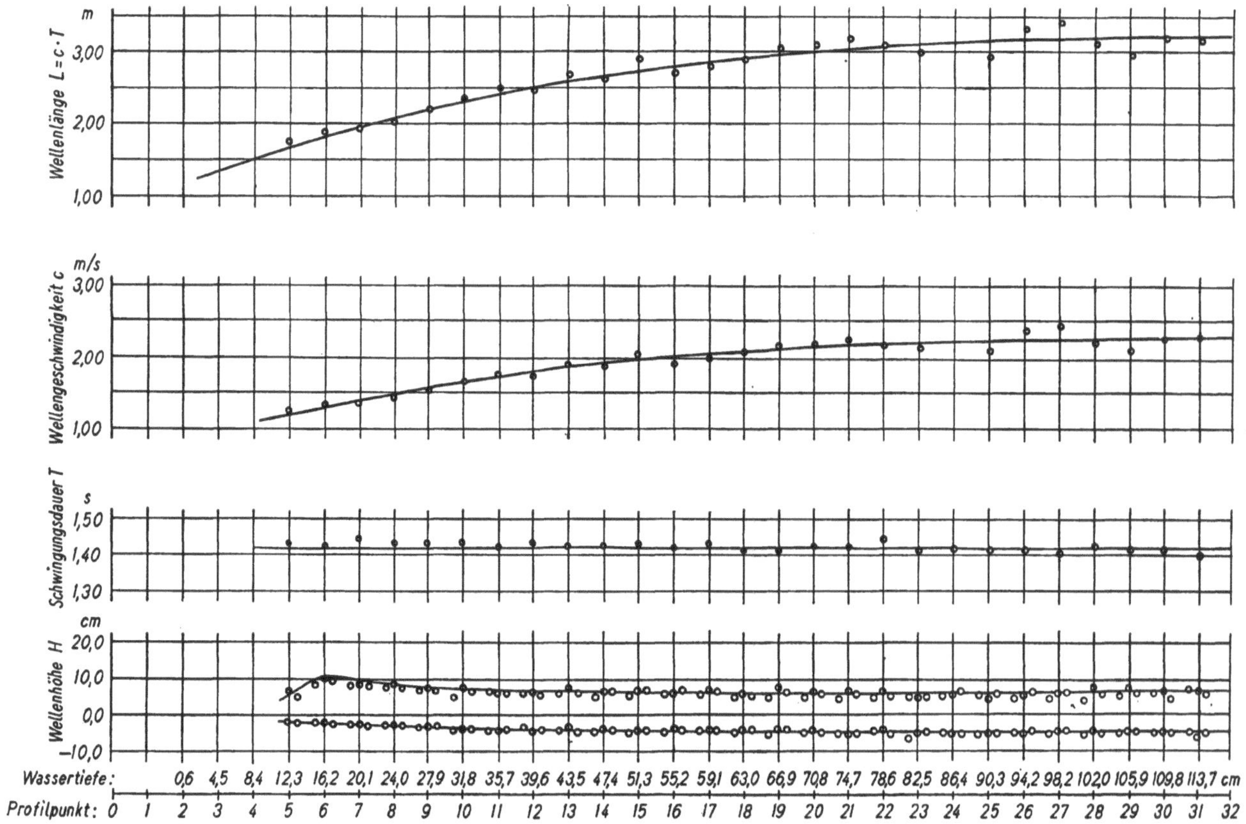

Anlage 4. Wellenmessung 4. Eigenschaftsänderungen der auf einen geradlinig geneigten Unterwasserhang laufenden Welle $H_0 = 12{,}05$ cm, $L_0 = 3{,}21$ m

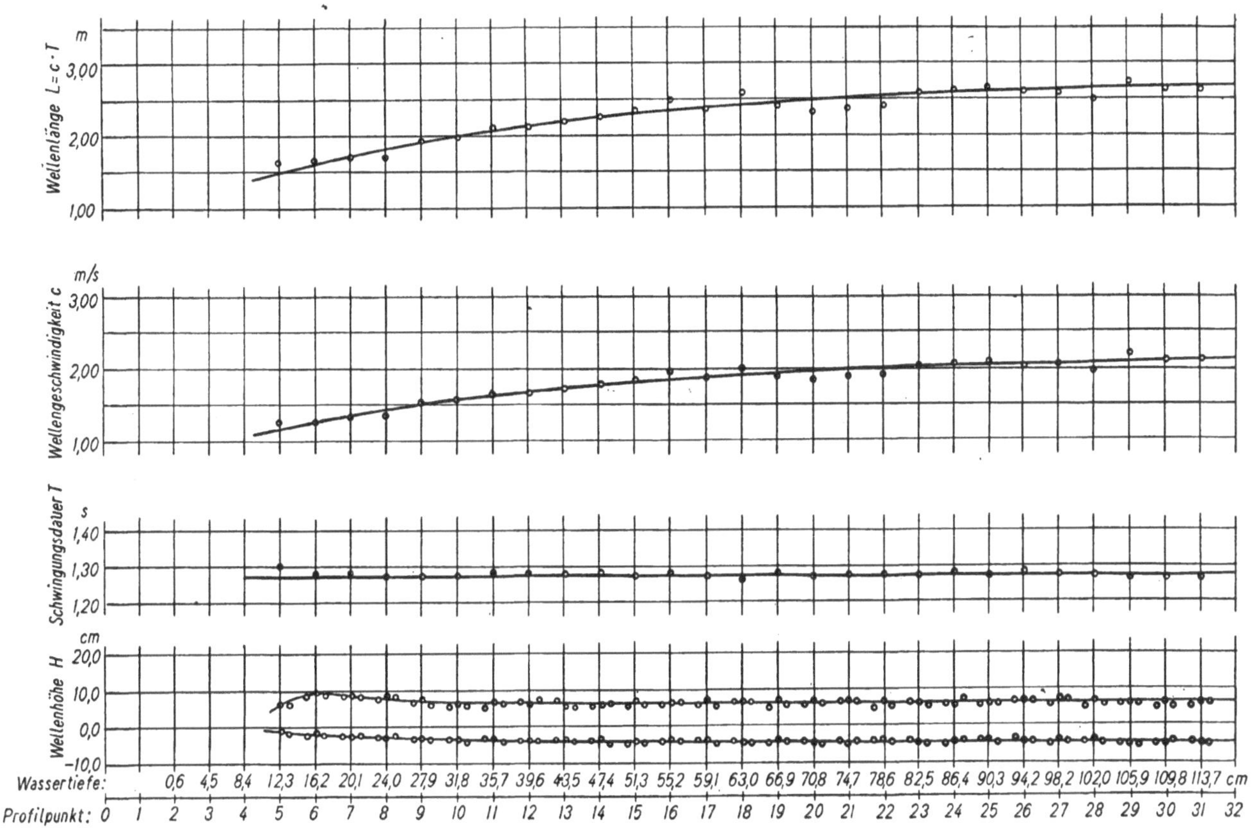

Anlage 5. Wellenmessung 5 Eigenschaftsänderungen der auf einen geradlinig geneigten Unterwasserhang laufenden Welle $H_0 = 11{,}35$ cm, $L_0 = 2{,}70$ m

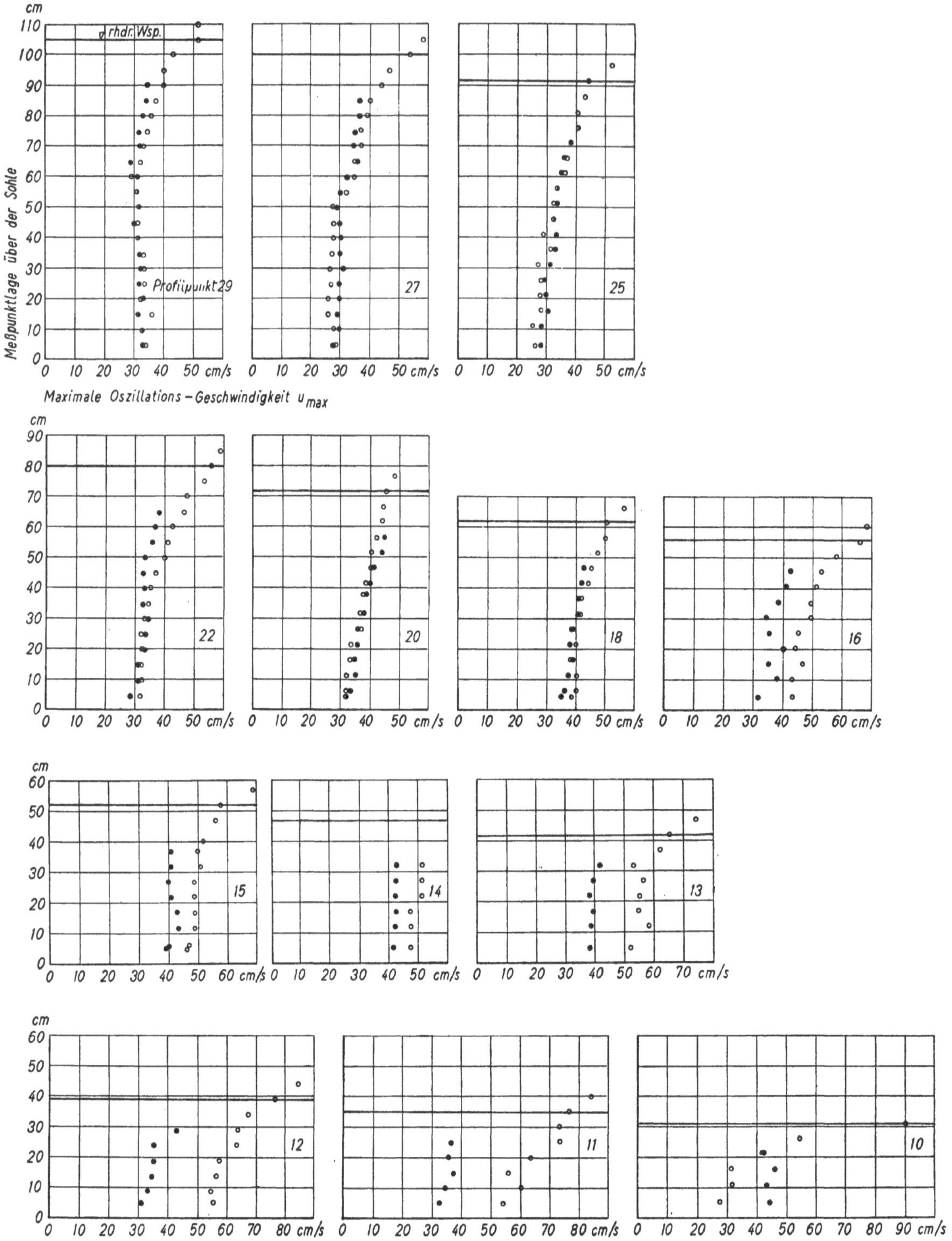

Anlage 6.

Maximale horizontale Oszillations-Geschwindigkeiten in den Vertikalen bei stetig abnehmender Wassertiefe

Strandneigung 1:51 — Wellendaten: $H_0 = 21,9$ cm, $L_0 = 7,08$ m

○ gemessene positive Werte $u_{p\,max}$

● gemessene negative Werte $u_{n\,max}$

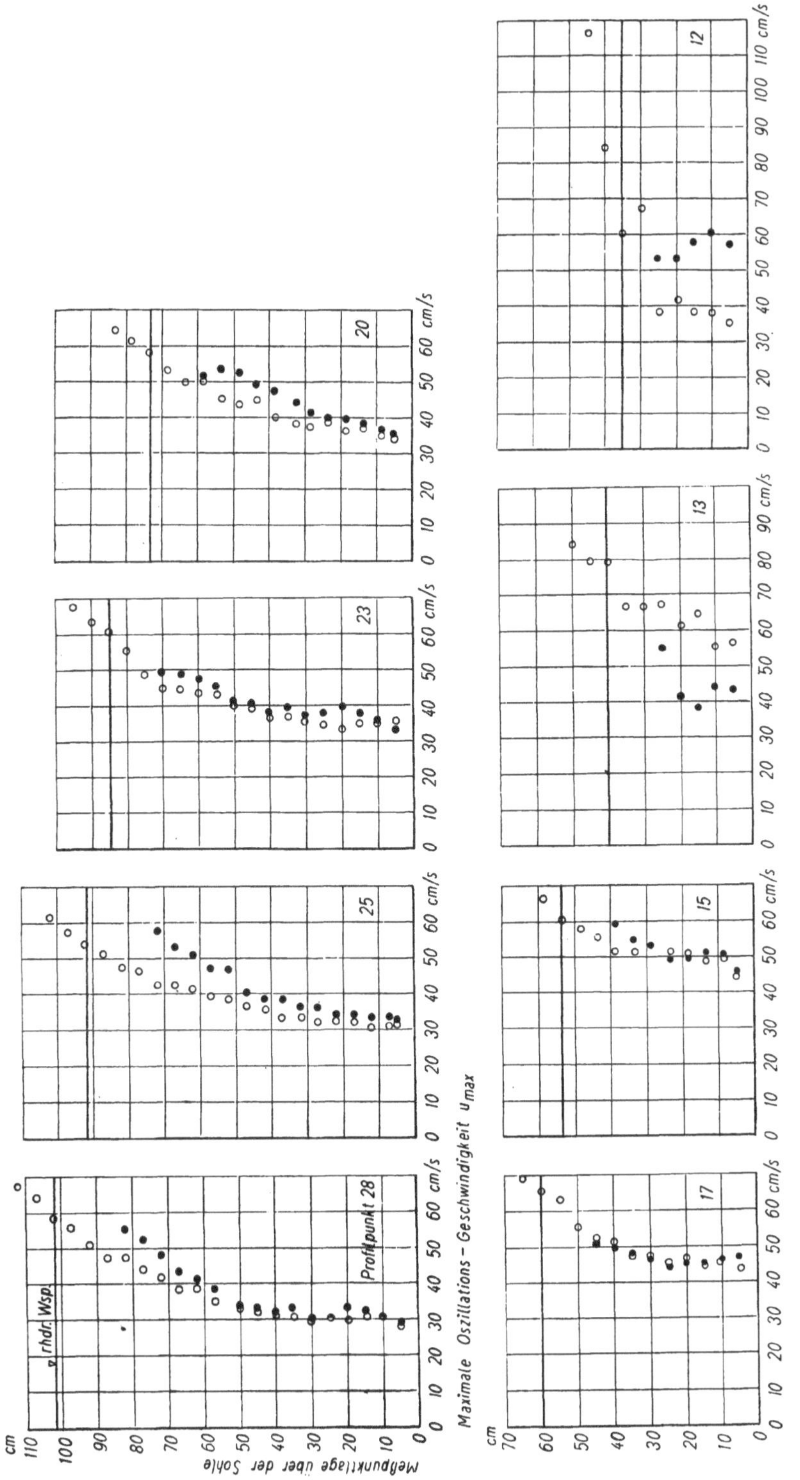

Anlage 7. Maximale horizontale Oszillations-Geschwindigkeiten in den Vertikalen bei stetig abnehmender Wassertiefe

Strandneigung 1:51 Wellendaten: $H_0 = 29{,}0$ cm ○ gemessene positive Werte $u_{p\,max}$

$L_0 = 5{,}00$ m ● gemessene negative Werte $u_{n\,max}$

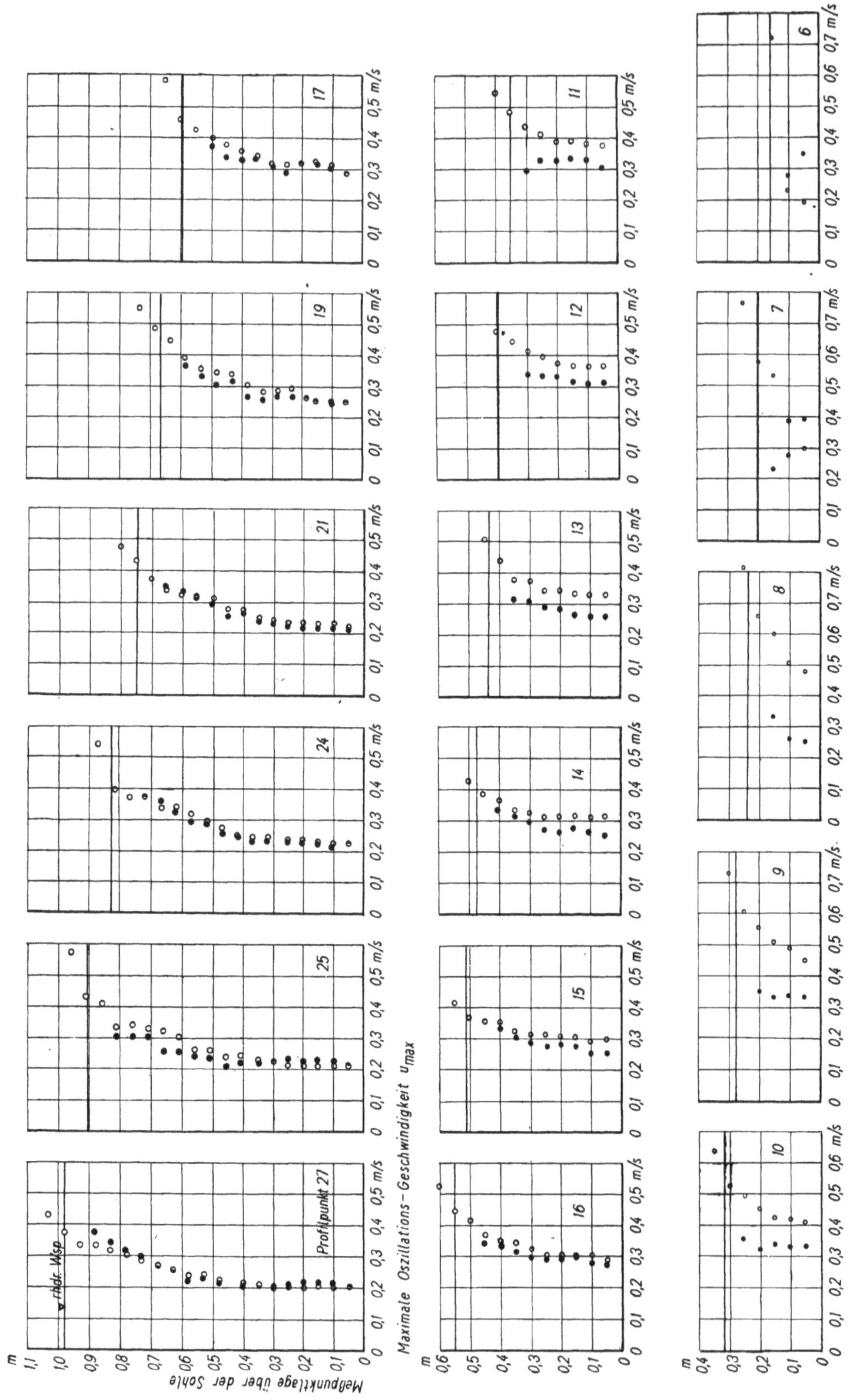

Anlage 8. Maximale horizontale Oszillations-Geschwindigkeiten in den Vertikalen bei stetig abnehmender Wassertiefe

Strandneigung 1:51 Wellendaten: $H_0 = 16{,}8$ cm, $L_0 = 4{,}56$ m

○ gemessene positive Werte $u_{p\,max}$

● gemessene negative Werte $u_{n\,max}$

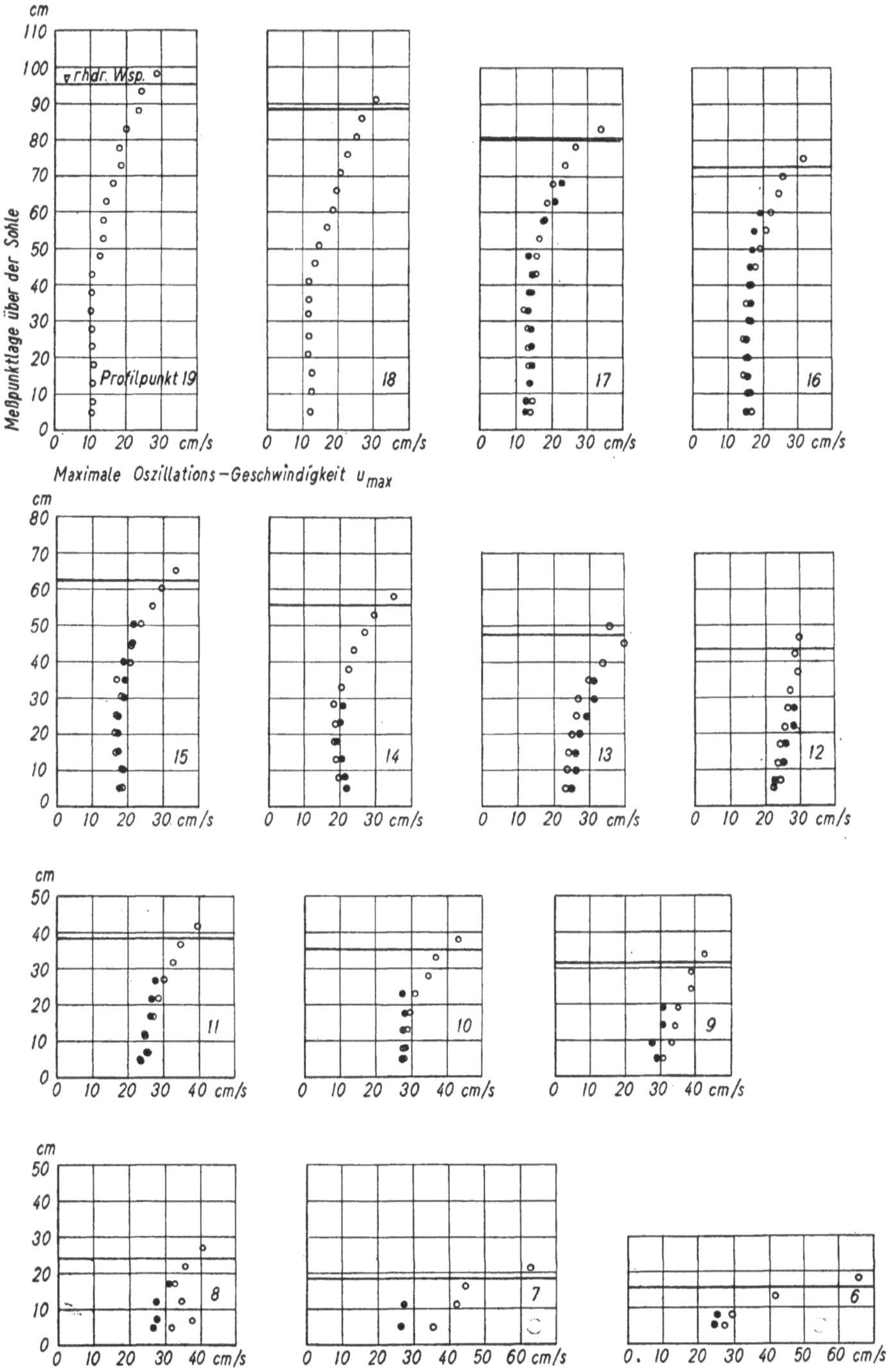

Anlage 9. Maximale horizontale Oszillations-Geschwindigkeiten in den Vertikalen bei stetig abnehmender Wassertiefe

Strandneigung 1:51

Wellendaten: $H_0 = 12{,}05$ cm ○ gemessene positive Werte $u_{p\,max}$

$L_0 = 3{,}31$ m ● gemessene negative Werte $u_{n\,max}$

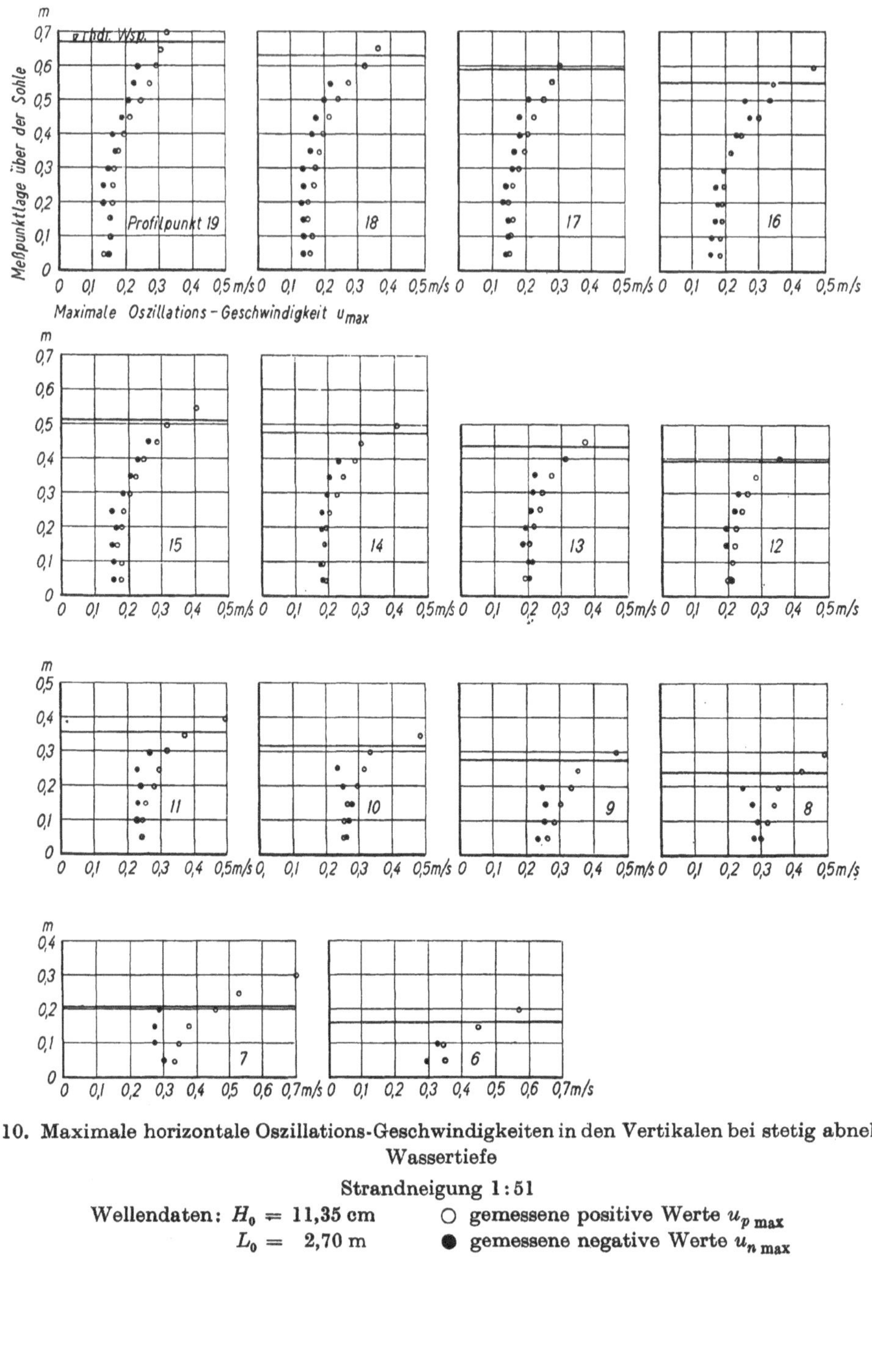

Anlage 10. Maximale horizontale Oszillations-Geschwindigkeiten in den Vertikalen bei stetig abnehmender Wassertiefe

Strandneigung 1:51

Wellendaten: H_0 = 11,35 cm ○ gemessene positive Werte $u_{p\,max}$

L_0 = 2,70 m ● gemessene negative Werte $u_{n\,max}$

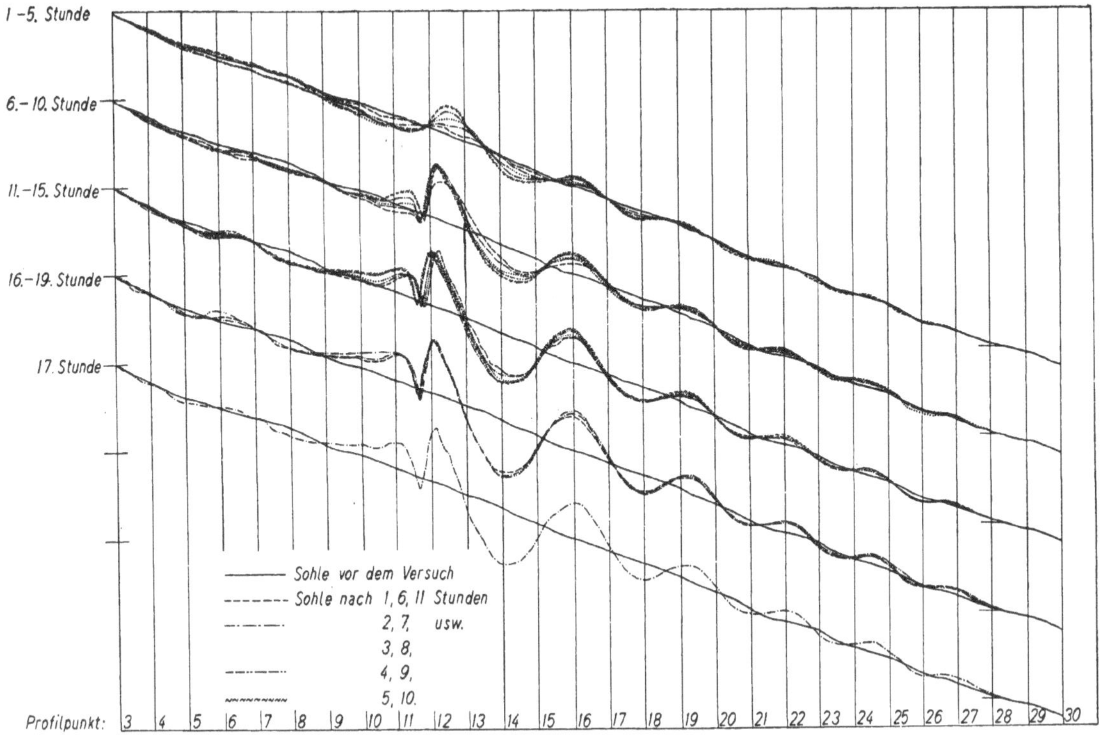

Anlage 11. Stündlich aufgenommene Längsprofile

Maßstab $\frac{\text{der Höhen } 1:20}{\text{der Längen } 1:400}$ Strandneigung: 1:51 Wellendaten: $H_0 = 21{,}9$ cm $L_0/H_0 = 32{,}4$

$L_0 = 7{,}08$ m

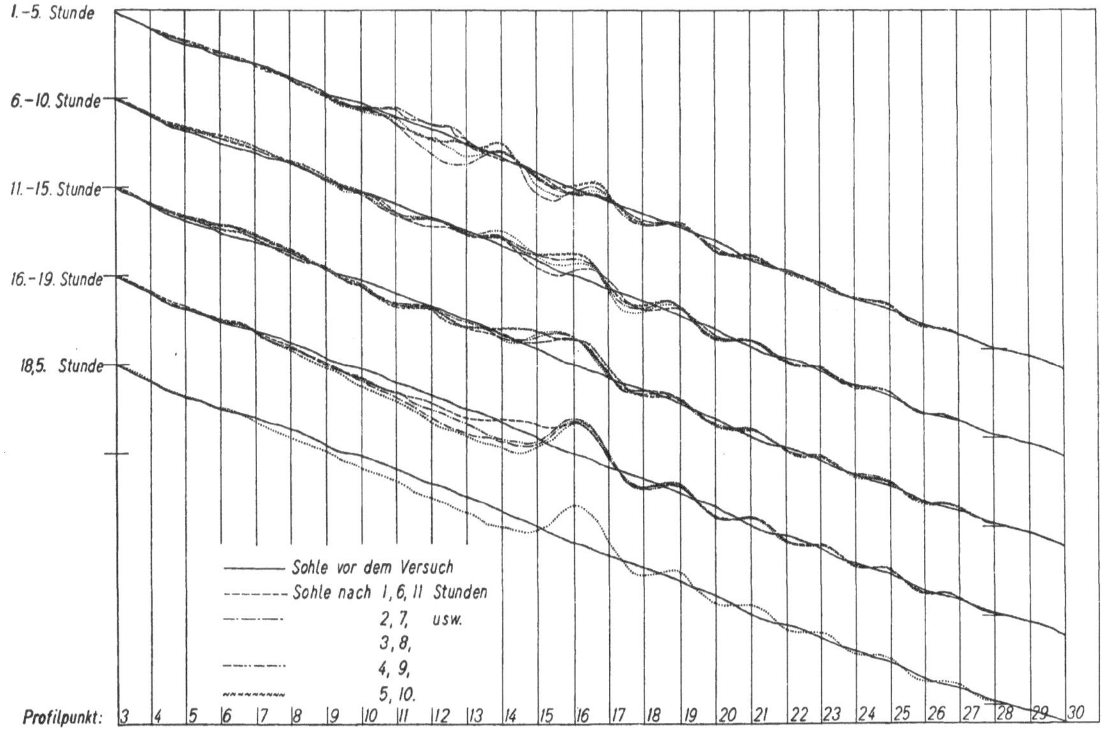

Anlage 12. Stündlich aufgenommene Längsprofile

Maßstab $\frac{\text{der Höhen } 1:20}{\text{der Längen } 1:400}$ Strandneigung: 1:51 Wellendaten: $H_0 = 29{,}0$ cm $L_0/H_0 = 17{,}2$

$L_0 = 5{,}00$ m

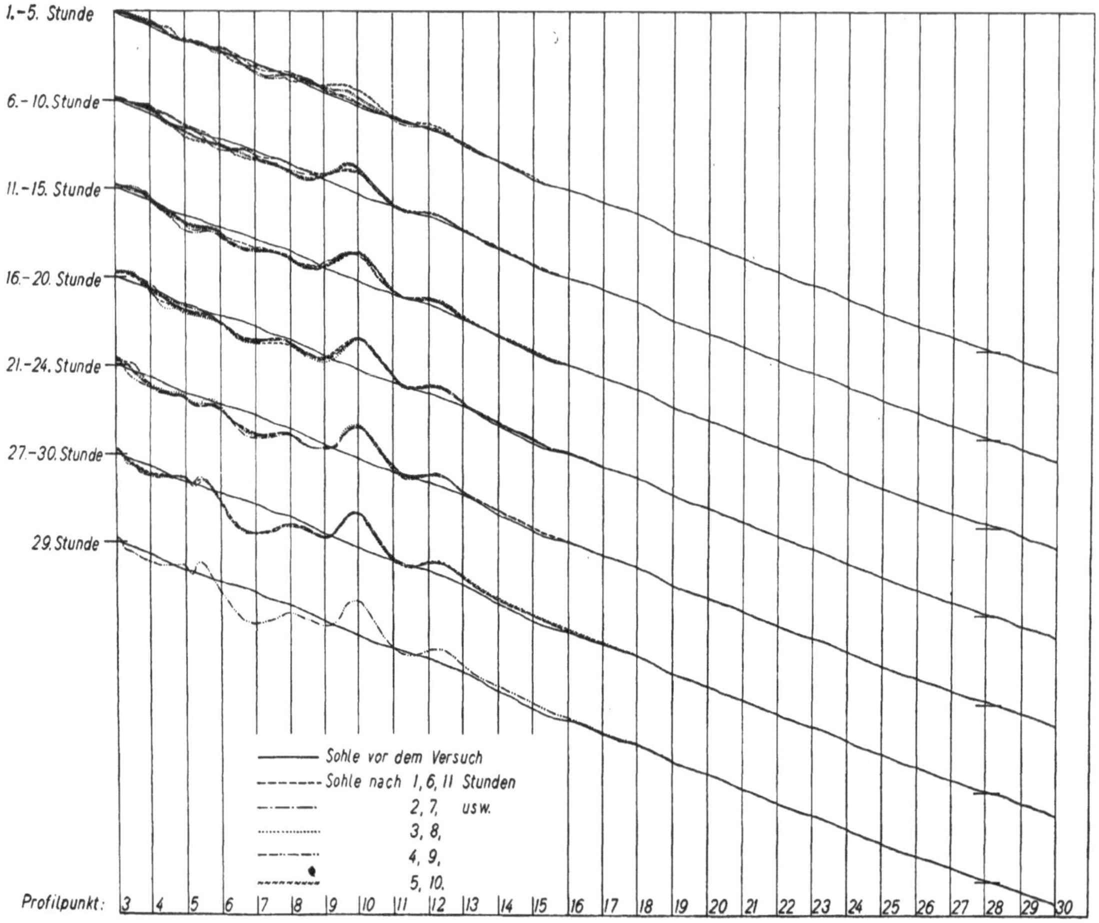

Anlage 13. Stündlich aufgenommene Längsprofile

Maßstab $\frac{\text{der Höhen } 1:20}{\text{der Längen } 1:400}$ Strandneigung: 1:51 Wellendaten: $H_0 = 16{,}8$ cm $L_0/H_0 = 27{,}1$ $L_0 = 4{,}66$ m

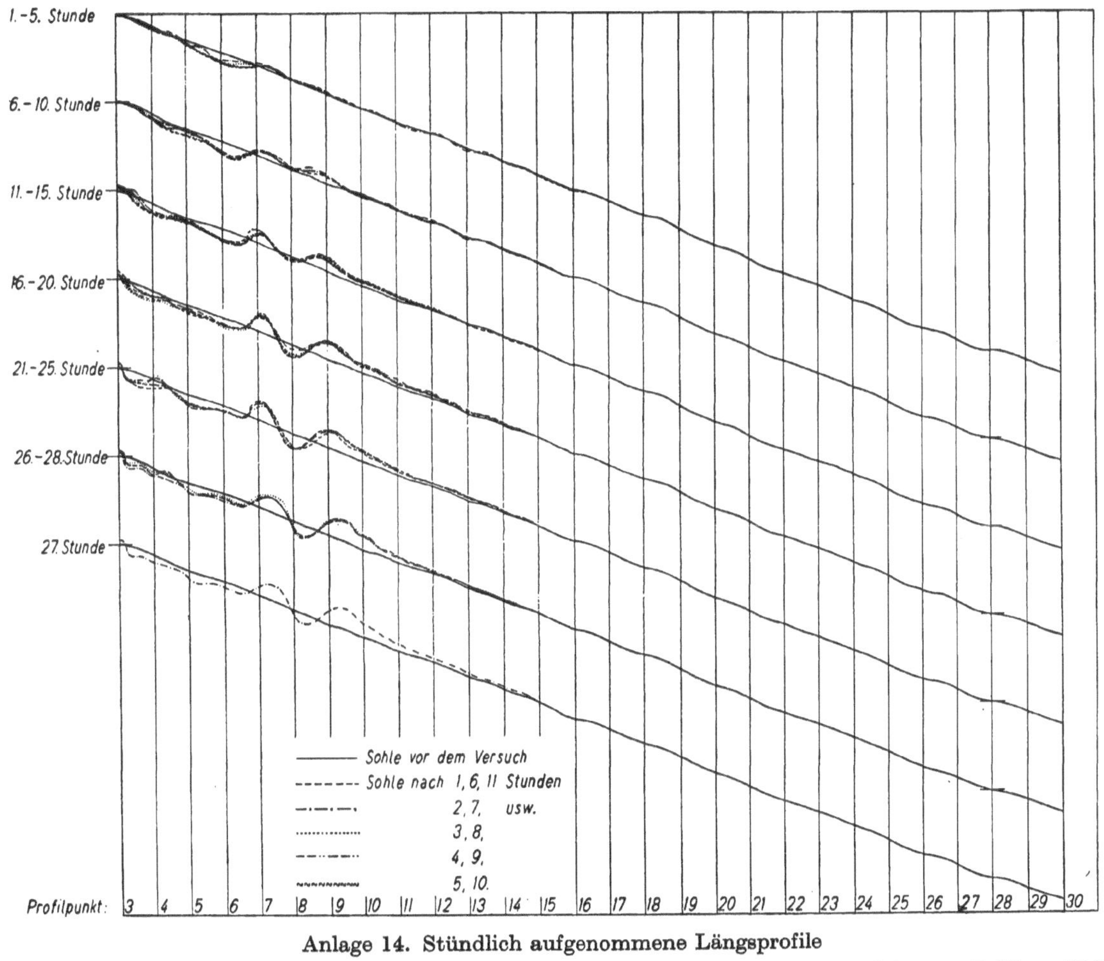

Anlage 14. Stündlich aufgenommene Längsprofile

Maßstab $\frac{\text{der Höhen } 1:20}{\text{der Längen } 1:400}$ Strandneigung: 1:51 Wellendaten: H_0 = 12,1 cm L_0/H_0 = 27,7

L_0 = 3,31 m

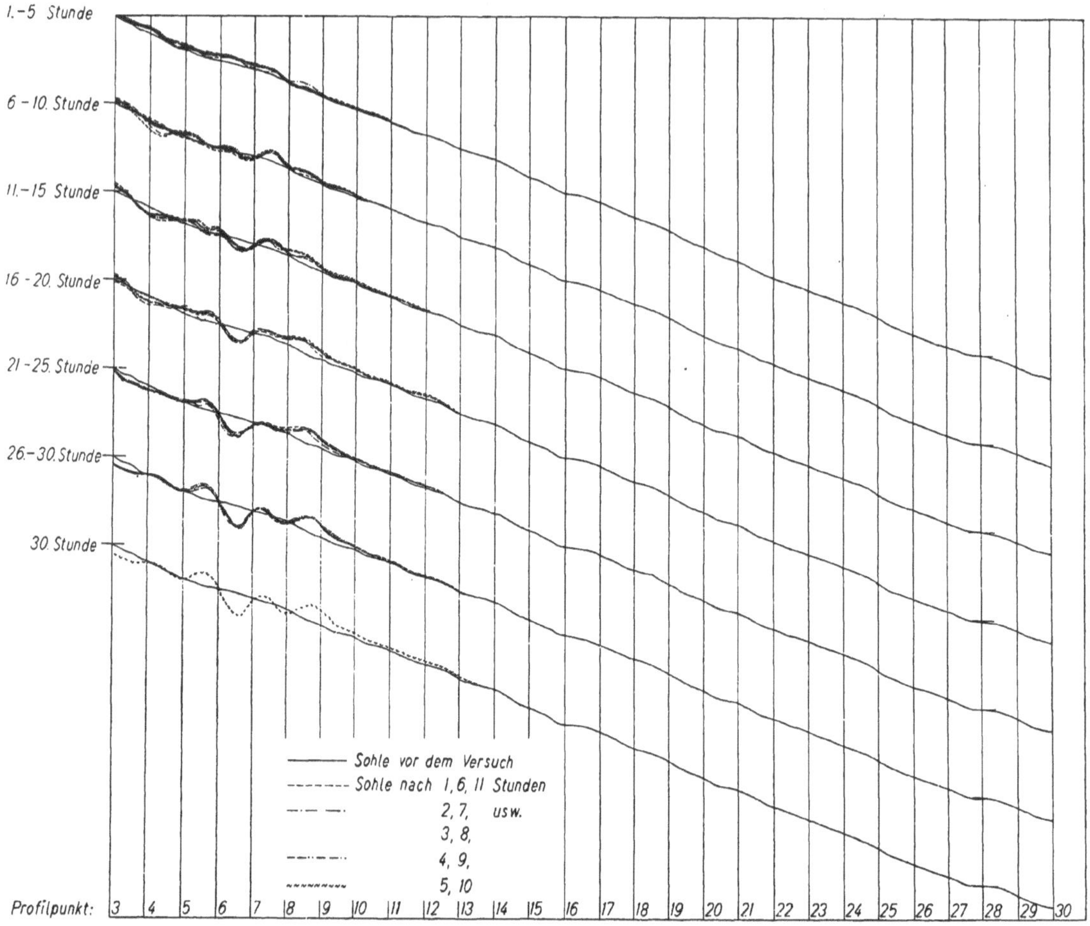

Anlage 15. Stündlich aufgenommene Längsprofile

Maßstab $\frac{\text{der Höhen } 1:20}{\text{der Längen } 1:400}$ Strandneigung: 1:51 Wellendaten: $H_0 = 11{,}4$ cm $L_0/H_0 = 23{,}8$ $L_c = 2{,}70$ m

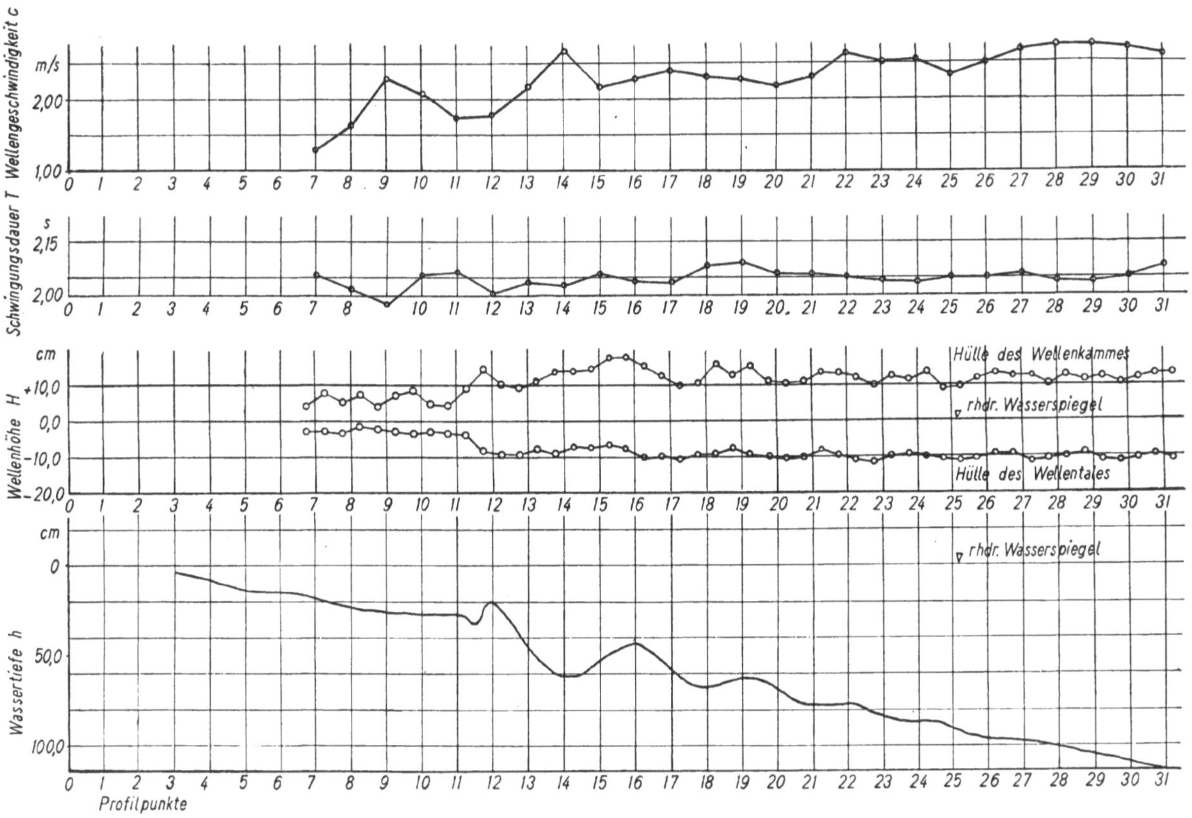

Anlage 16. Veränderung der Wellendaten beim Auflaufen der Welle auf eine Schorre mit der Neigung 1:51 nach 17 Stunden Versuch. Die aufgetragenen Meßpunkte entsprechen den Meßwerten der Tabelle auf Anlage 26. Wellendaten: $H_0 = 21{,}9$ cm, $L_0 = 7{,}08$ m

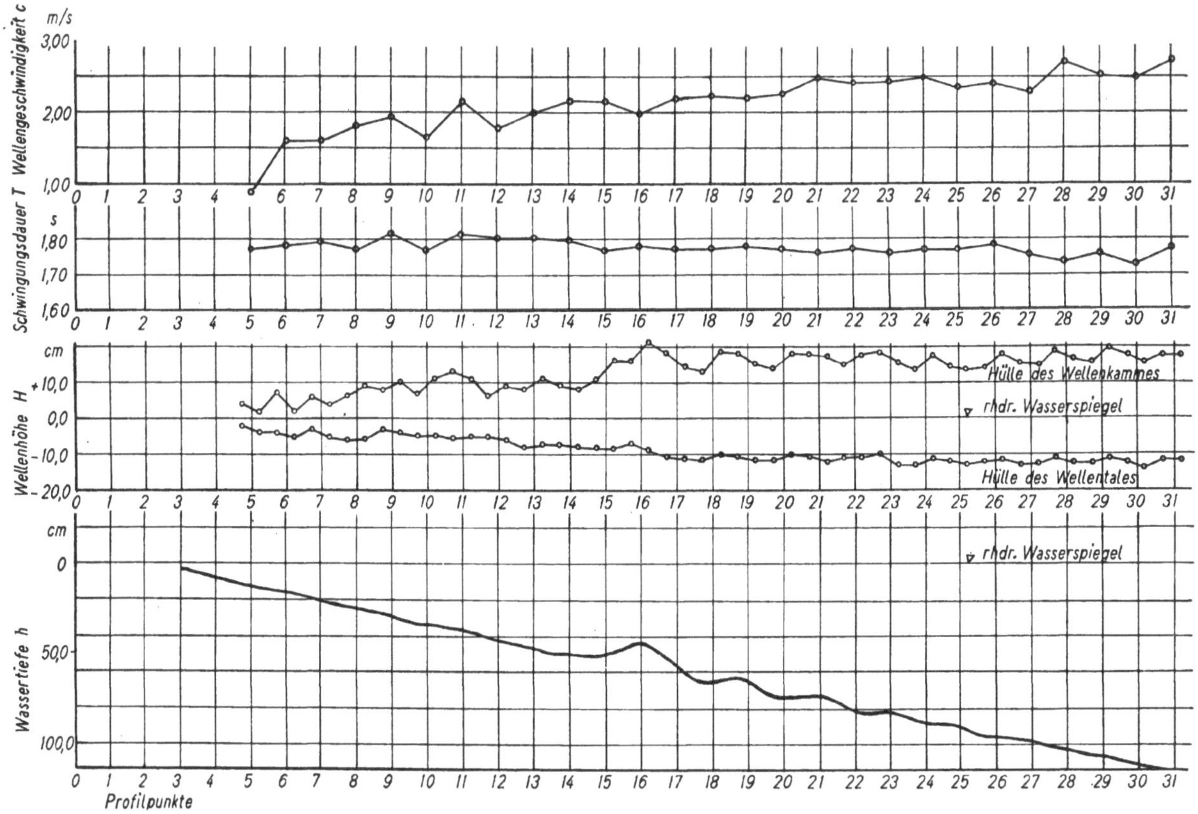

Anlage 17. Veränderung der Wellendaten beim Auflaufen der Welle auf eine Schorre mit der Neigung 1:51 nach 18,5 Stunden Versuch. Die aufgetragenen Meßpunkte entsprechen den Meßwerten der Tabelle auf Anlage 27. Wellendaten: $H_0 = 29{,}0$ cm, $L_0 = 5{,}00$ m

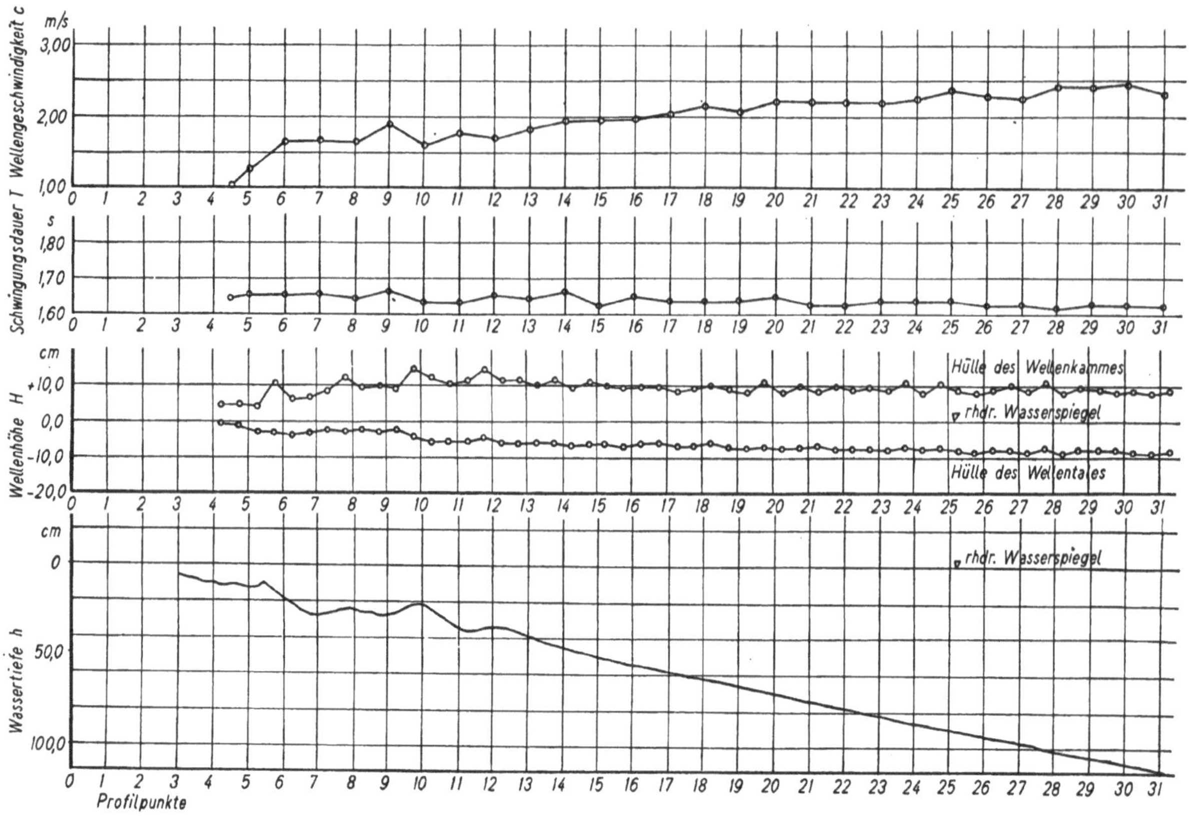

Anlage 18. Veränderung der Wellendaten beim Auflaufen der Welle auf eine Schorre mit der Neigung 1:51 nach 29 Stunden Versuch. Die aufgetragenen Meßpunkte, entsprechen den Meßwerten der Tabelle auf Anlage 28. Wellendaten: $H_0 = 16{,}8$ cm, $L_0 = 4{,}56$ m

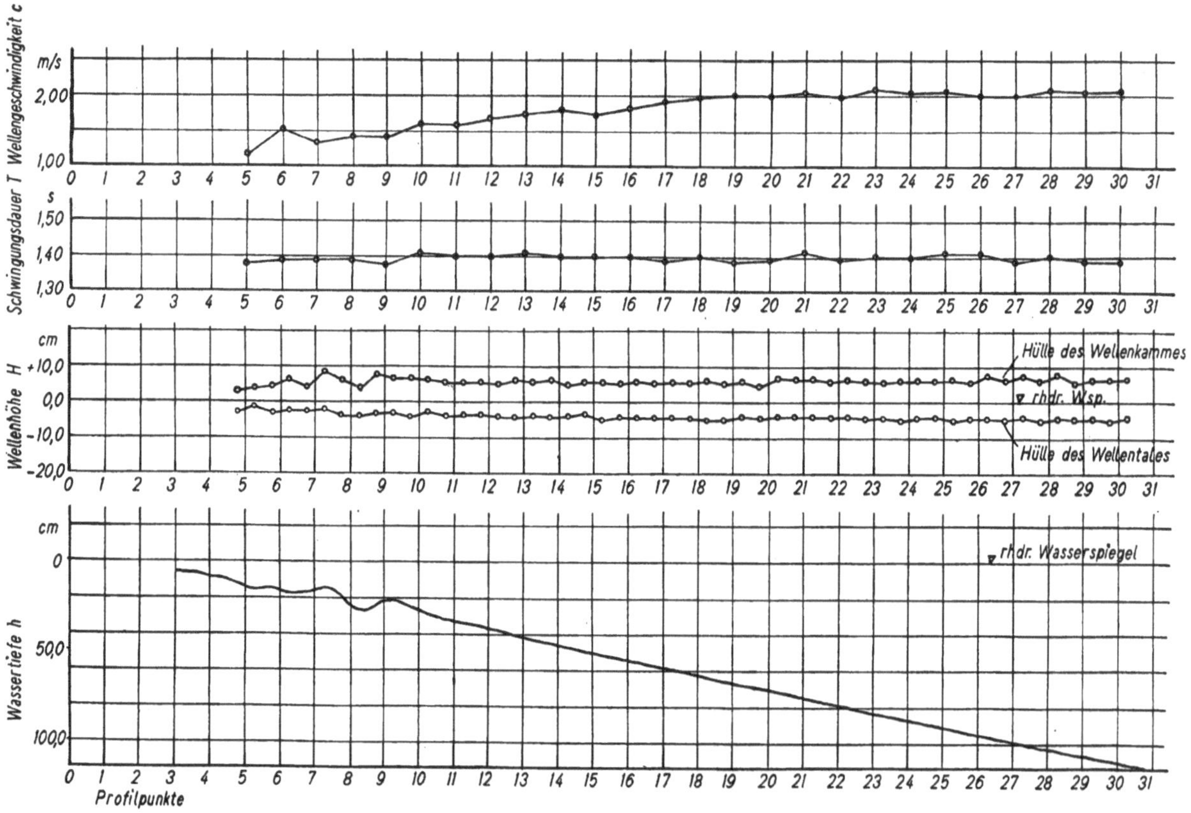

Anlage 19. Veränderung der Wellendaten beim Auflaufen der Welle auf eine Schorre mit der Neigung 1:51 nach 27 Stunden Versuch. Die aufgetragenen Meßpunkte entsprechen den Meßwerten der Tabelle auf Anlage 29. Wellendaten: $H_0 = 12{,}05$ cm, $L_0 = 3{,}31$ m

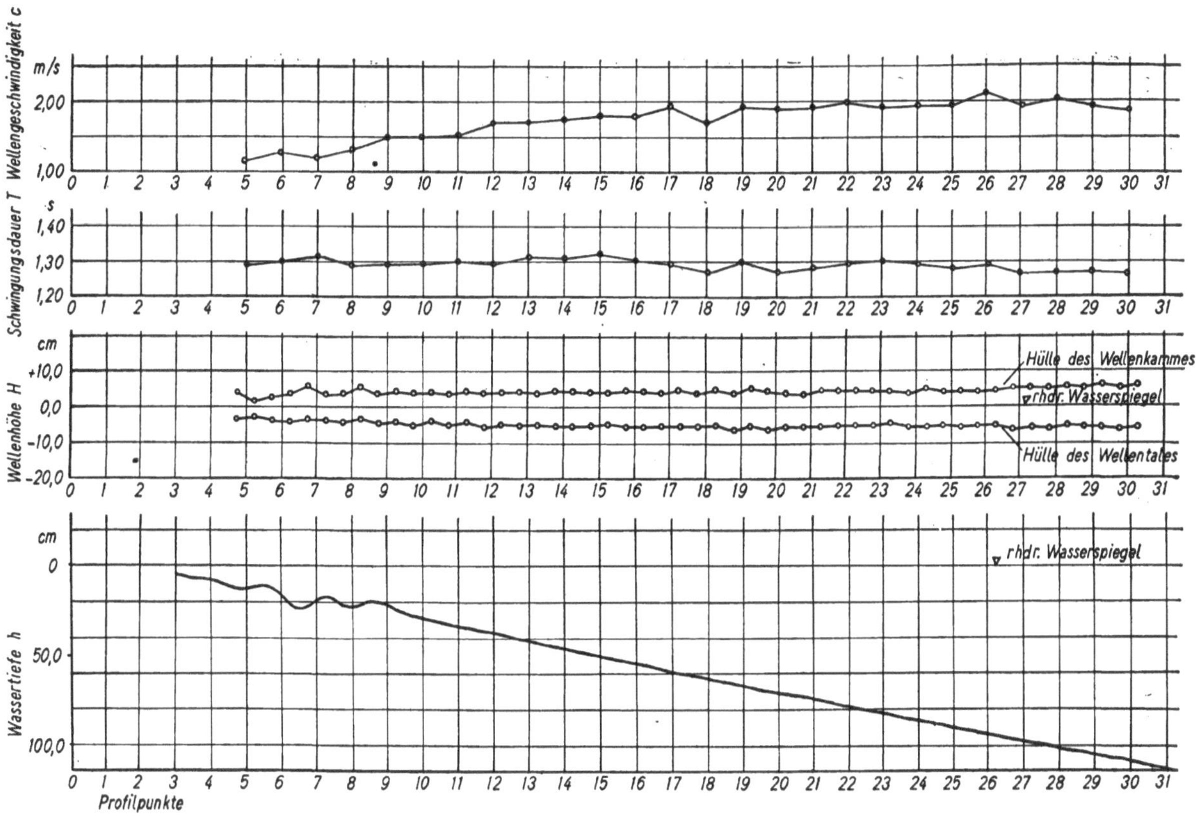

Anlage 20. Veränderung der Wellendaten beim Auflaufen der Welle auf eine Schorre mit der Neigung 1:51 nach 30 Stunden Versuch. Die aufgetragenen Meßpunkte entsprechen den Meßwerten der Tabelle auf Anlage 30. Wellendaten: H_0 = 11,35 cm, L_0 = 2,70 m

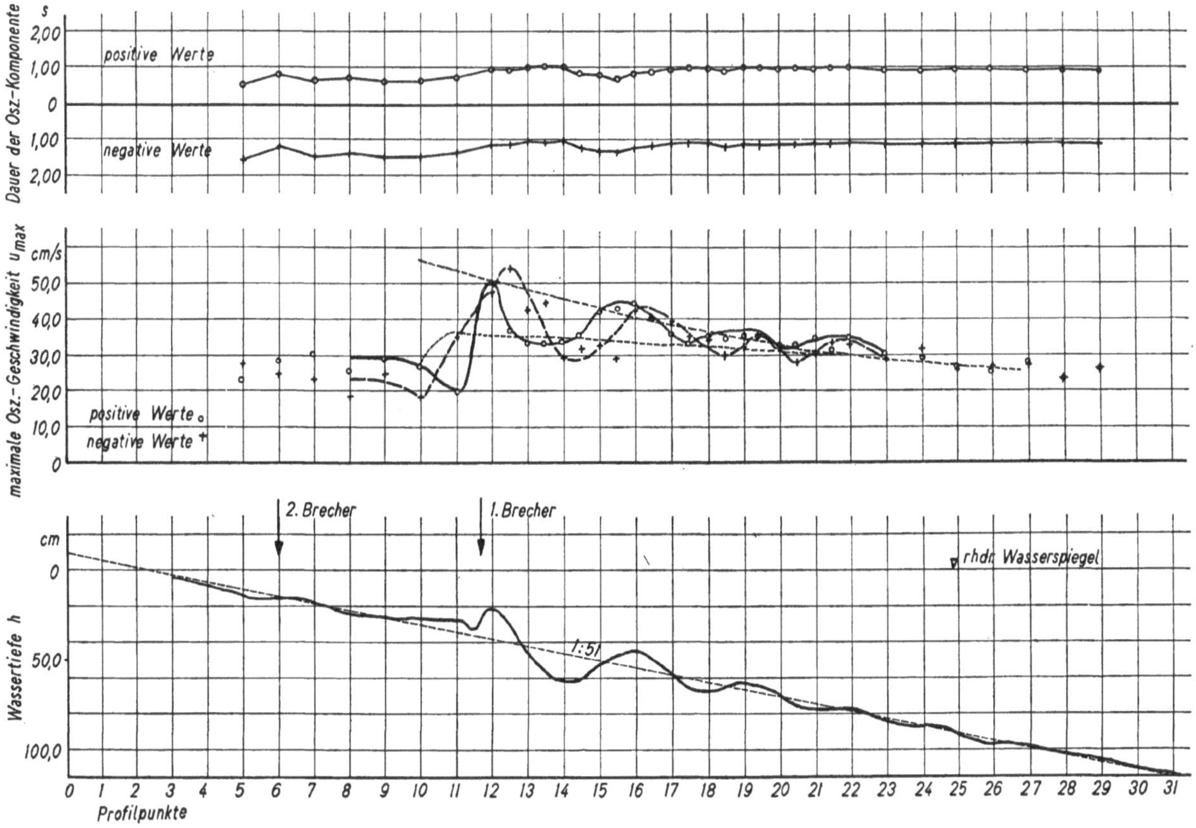

Anlage 21. Maximale positive und negative Oszillations-Geschwindigkeiten 5 cm über der Sohle vor und nach dem Versuch und Dauer der positiven und negativen Oszillations-Komponente in einer Schwingung nach dem Versuch

Strandneigung 1:51

Wellendaten: H_0 = 21,9 cm
L_0 = 7,08 m

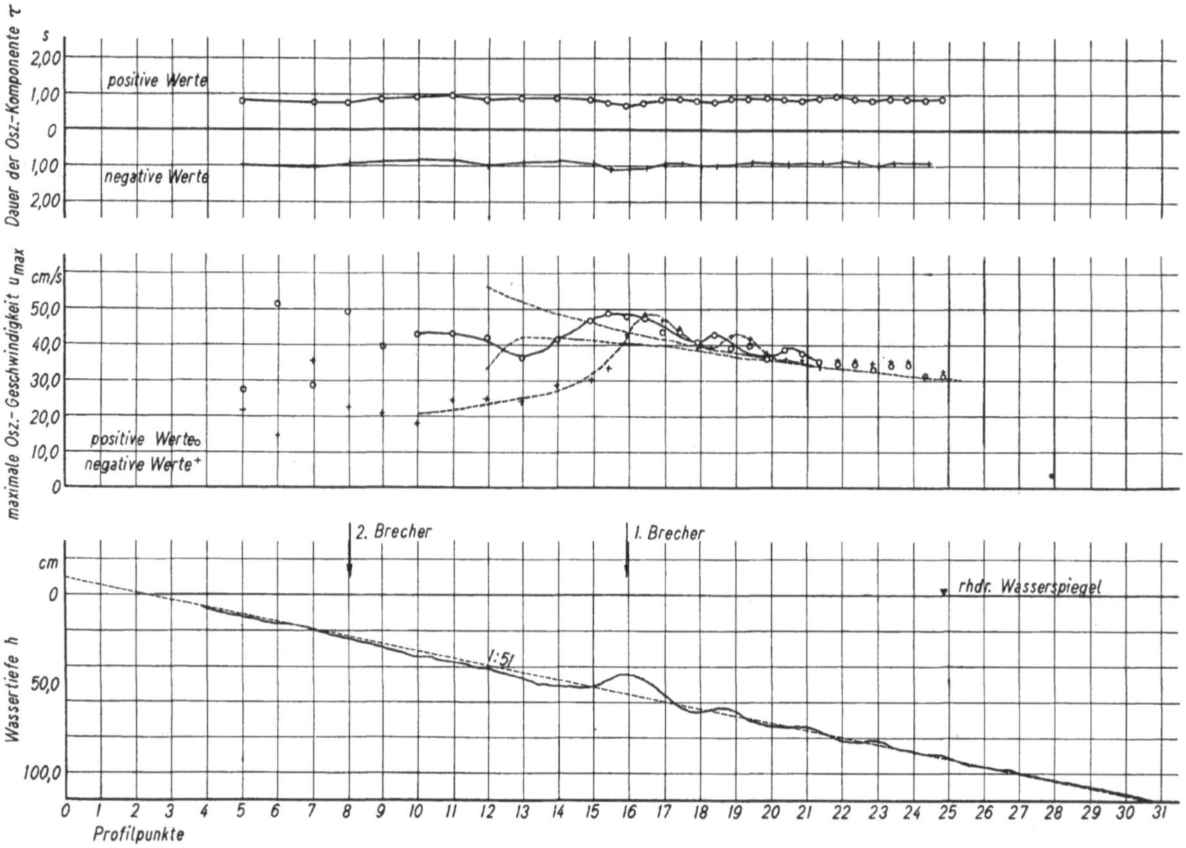

Anlage 22. Maximale positive und negative Oszillations-Geschwindigkeiten 5 cm über der Sohle vor und nach dem Versuch und Dauer der positiven und negativ en Oszillations-Komponente in einer Schwingung nach dem Versuch

Strandneigung 1:51

Wellendaten: $H_0 = 29{,}0$ cm
$L_0 = 5{,}00$ m

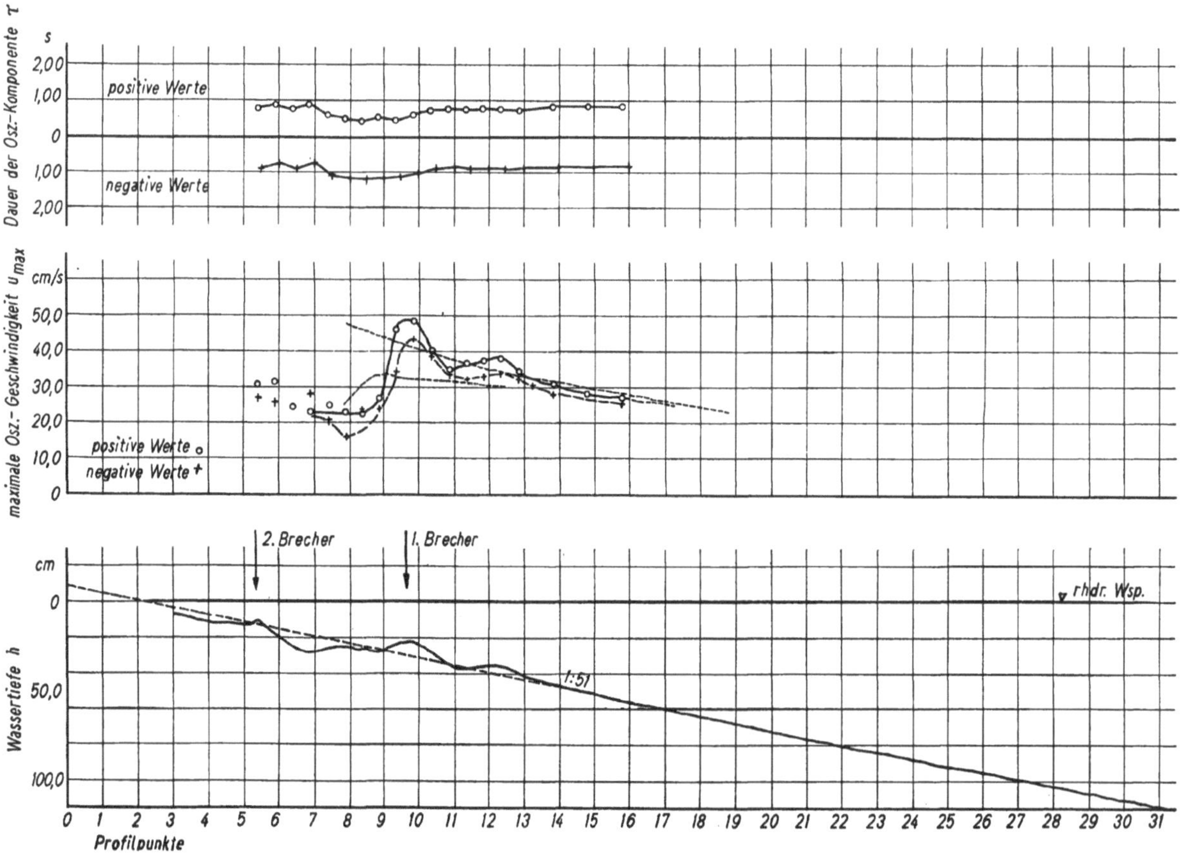

Anlage 23. Maximale positive und negative Oszillations-Geschwindigkeiten 5 cm über der Sohle vor und nach dem Versuch und Dauer der positiven und negativen Oszillations-Komponente in einer Schwingung nach dem Versuch

Strandneigung 1:51

Wellendaten: $H_0 = 16{,}8$ cm
$L_0 = 4{,}56$ m

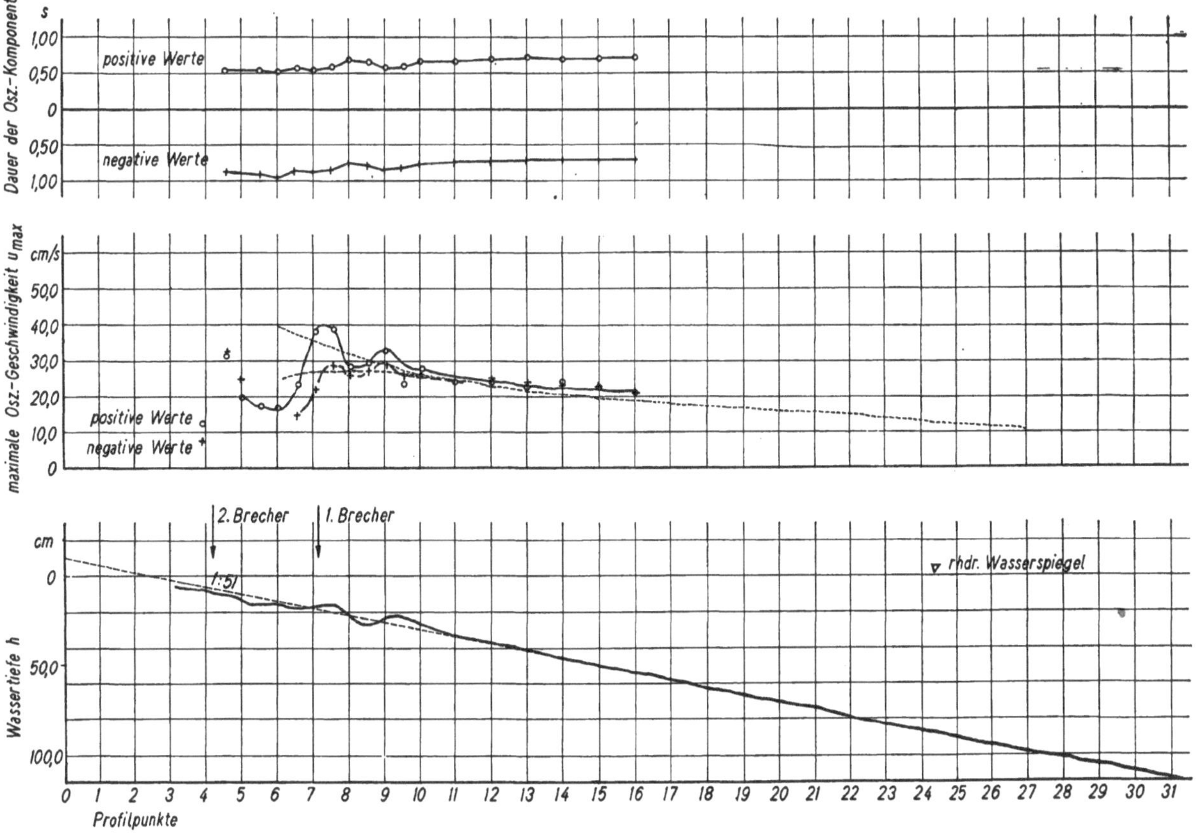

Anlage 24. Maximale positive und negative Oszillations-Geschwindigkeiten 5 cm über der Sohle vor und nach dem Versuch und Dauer der positiven und negativen Oszillations-Komponente in einer Schwingung nach dem Versuch

Strandneigung 1:51 — Wellendaten: $H_0 = 12{,}05$ cm, $L_0 = 3{,}31$ m

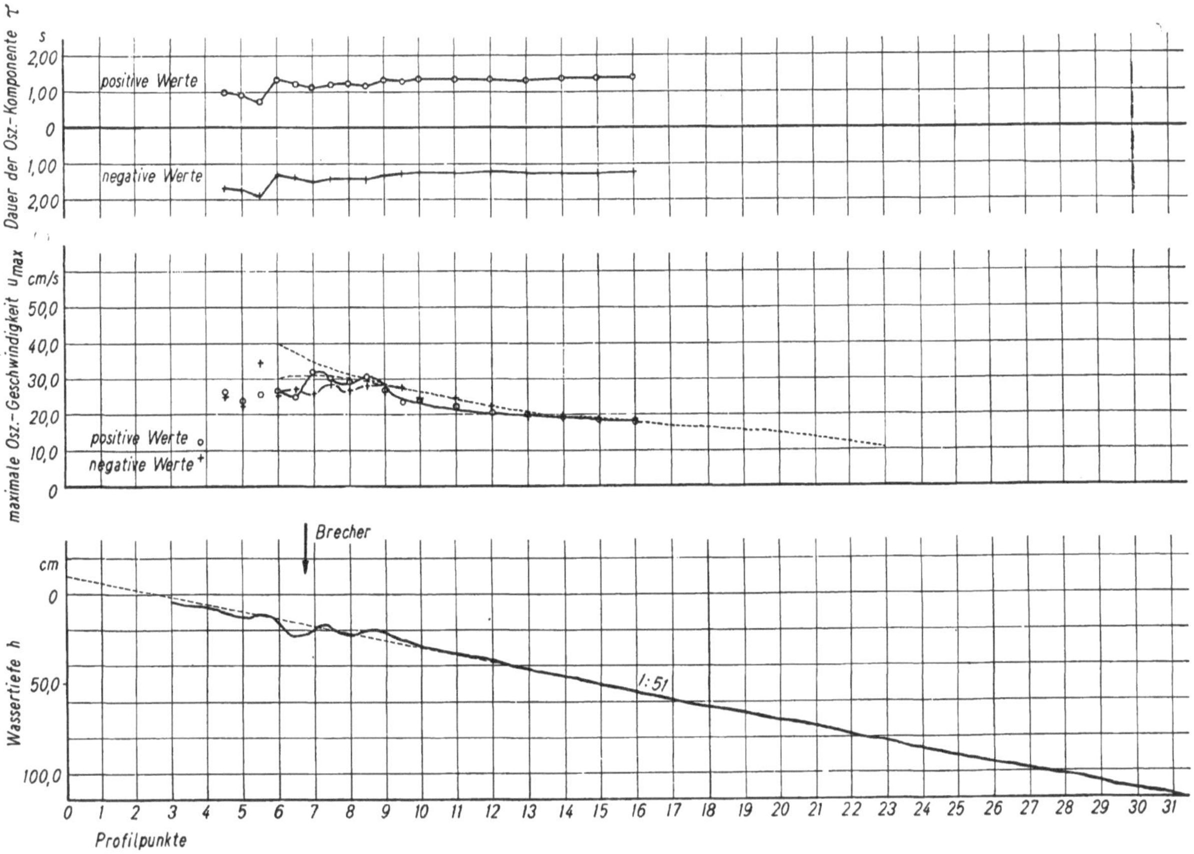

Anlage 25. Maximale positive und negative Oszillations-Geschwindigkeiten 5 cm über der Sohle vor und nach dem Versuch und Dauer der positiven und negativen Oszillations-Komponente in einer Schwingung nach dem Versuch

Strandneigung 1:51 — Wellendaten: $H_0 = 11{,}35$ cm, $L_0 = 2{,}70$ m

Dauerversuch 1

Zusammenstellung der Meßwerte vor dem Versuch

Profilpunkt Nr.	Wassertiefe h	Wellendaten: Wellenhöhe H	Wellendaten: Wellengeschwindigkeit c	Wellendaten: Schwingungsdauer T	Wellendaten: Wellenlänge $L = c \cdot T$	max. Oszillations-Geschwindigkeiten 5 cm über Strandsohle: positive Oszillations-Geschwindigkeit u_p max	max. Oszillations-Geschwindigkeiten 5 cm über Strandsohle: negative Oszillations-Geschwindigkeit u_n max	Dauer der Oszillations-Komponenten in einer Schwingung: Dauer der positiven Oszillations-Komponente t_p	Dauer der Oszillations-Komponenten in einer Schwingung: Dauer der negativen Oszillations-Komponente t_n
	cm	cm	m/s	s	m	cm/s	cm/s	s	s
1	2	3	4	5	6	7	8	9	10
31	113,5	20,0	2,85	2,07	5,90				
30	110,0	20,0	2,81	2,07	5,82				
29	106,0	20,1	2,77	2,07	5,74				
28	102,0	20,1	2,73	2,07	5,65				
27	98,0	20,1	2,68	2,07	5,55	25,6	25,6	0,990	1,080
26	94,0	20,1	2,64	2,07	5,46	26,3	26,3	0,985	1,085
25	90,5	20,1	2,60	2,07	5,38	27,2	27,2	1,030	1,040
24	86,5	20,2	2,55	2,07	5,28	28,3	28,3	1,030	1,040
23	82,5	20,3	2,51	2,07	5,20	29,2	28,8	1,010	1,080
22	78,5	20,4	2,46	2,07	5,09	30,4	29,6	0,980	1,090
21	74,5	20,4	2,42	2,07	5,01	31,7	30,3	0,994	1,076
20	71,0	20,5	2,38	2,07	4,93	33,1	30,9	0,982	1,088
19	67,0	20,6	2,34	2,07	4,84	34,8	31,6	0,972	1,098
18	63,0	20,6	2,30	2,07	4,76	36,7	32,3	0,949	1,121
17	59,0	20,8	2,25	2,07	4,66	38,6	32,9	0,902	1,168
16	55,0	20,8	2,25	2,07	4,56	40,8	33,5	0,901	1,169
15	51,5	20,9	2,16	2,07	4,47	43,4	34,1	0,903	1,167
14	47,5	21,7	2,12	2,07	4,39	46,0	34,6	0,822	1,248
13	43,5	22,6	2,06	2,07	4,26	48,6	35,1	0,801	1,269
12	39,5	24,1	2,01	2,07	4,16	51,3	35,6	0,807	1,263
11	35,5	26,0	1,95	2,07	4,03	53,9	36,0	0,730	1,340
10	32,0	28,4	1,90	2,07	3,93	56,5	28,5	0,675	1,395
9	28,0	18,0	1,82	2,07	3,77	40,0	36,5	0,547	1,523
8	24,0	13,1	1,72	2,07	3,56				
7	20,0	11,7	1,55	2,07	3,21				
6	16,0	10,1	1,35	2,07	2,79				
5	14,5	5,2	1,13	2,07	2,34				
4									

Zusammenstellung der Meßwerte nach dem Versuch

Profilpunkt Nr.	Wassertiefe h	Wellendaten: Wellenhöhe H		Wellendaten: Wellengeschwindigkeit c	Wellendaten: Schwingungsdauer T	Wellendaten: Wellenlänge $L = c \cdot T$	max. Oszillation-Geschwindigkeiten 5 cm über Strandsohle: positive Oszillations-Geschwindigkeit u_p max	max. Oszillation-Geschwindigkeiten 5 cm über Strandsohle: negative Oszillations-Geschwindigkeit u_n max	Dauer der Oszillations-Komponenten in einer Schwingung: Dauer der positiven Oszillations-Komponente t_p	Dauer der Oszillations-Komponenten in einer Schwingung: Dauer der negativen Oszillations-Komponente t_n
	cm	cm		m/s	s	m	cm/s	cm/s	s	s
1	2	3		4	5	6	7	8	9	10
31	113,5	23,85	22,40	2,63	2,08	5,46				
30	109,5	22,45	22,10	2,72	2,05	5,57				
29	105,5	23,35	20,45	2,76	2,04	5,63	26,5	26,5	1,01	1,07
28	102,0	23,05	21,00	2,76	2,04	5,63	23,5	23,5	1,00	1,10
27	98,0	23,80	21,85	2,70	2,06	5,56	29,0	27,6	1,00	1,07
26	95,5	22,70	22,40	2,52	2,05	5,16	26,4	26,4	0,97	1,10
25	90,0	20,85	19,90	2,35	2,05	4,81	27,0	26,4	1,01	1,09
24	87,0	23,70	20,95	2,55	2,04	5,20	30,0	31,9	1,00	1,10
23	84,0	22,35	21,05	2,52	2,04	5,14	30,8	29,6	0,98	1,12
22	77,5	22,90	22,65	2,64	2,05	5,41	35,1	33,5	1,04	1,08
21,5	78,0						32,0	33,5	1,00	1,11
21	78,0	21,85	21,05	2,31	2,06	4,76	35,1	30,4	1,01	1,10
20,5	75,5						33,4	27,9	1,01	1,12
20	70,5	21,35	21,10	2,20	2,06	4,53	32,8	32,4	0,98	1,13
19,5	65,5						35,5	35,1	1,02	1,12
19	63,5	24,55	20,50	2,27	2,09	4,74	35,5	32,4	1,00	1,12
18,5	64,0						35,0	30,2	0,91	1,14
18	66,5	24,70	20,60	2,32	2,08	4,83	35,4	34,3	1,00	1,08
17,5	64,5						33,7	35,4	1,00	1,08
17	58,5	20,85	22,70	2,40	2,04	4,90	36,4	39,6	0,97	1,09
16,5	51,0						39,6	40,5	0,89	1,18
16	45,0	25,45	25,15	2,30	2,04	4,69	44,2	42,4	0,85	1,22
15,5	46,5						43,0	29,0	0,72	1,34
15	52,0	23,90	21,55	2,17	2,06	4,47	41,9	32,3	0,77	1,31
14,5	58,5						35,5	39,7	0,86	1,21
14	60,5	21,15	22,80	2,68	2,03	5,44	33,5	29,5	1,06	1,01
13,5	56,5						33,8	44,7	1,01	1,05
13	46,5	19,00	19,00	2,17	2,04	4,43	33,8	42,6	1,04	1,03
12,5	35,0						36,7	54,4	0,94	1,13
12	22,0	19,90	22,55	1,78	2,01	3,58	50,1	47,5	0,97	1,12
11	29,0	12,80	7,90	1,75	2,07	3,62	19,1	35,0	0,73	1,33
10	27,5	7,65	12,00	2,07	2,06	4,26	27,0	18,5	0,64	1,45
9	27,0	10,25	6,20	2,28	1,98	4,51	29,6	24,5	0,63	1,44
8	24,5	8,90	8,35	1,62	2,02	3,27	25,6	18,5	0,70	1,39
7	19,5	10,65	7,00	1,29	2,06	2,66	30,2	23,1	0,65	1,45
6							28,3	24,8	0,80	1,14
5							22,9	27,9	0,52	1,55

Anlage 27

Dauerversuch 2

Zusammenstellung der Meßwerte vor dem Versuch

Profilpunkt Nr.	Wassertiefe h	Wellendaten				max. Oszillations-Geschwindigkeiten 5 cm üb. Strandsohle		Dauer der Oszillations-Komponenten in einer Schwingung	
		Wellenhöhe H	Wellengeschwindigkeit c	Schwingungsdauer T	Wellenlänge $L = c \cdot T$	positive Oszillations-Geschwindigkeit u_p max	negative Oszillations-Geschwindigkeit u_n max	Dauer der positiven Oszillations-Komponente t_p	Dauer der negativen Oszillations-Komponente t_n
	cm	cm	m/s	s	m	cm/s	cm/s	s	s
1	2	3	4	5	6	7	8	9	10
31	113,5	26,8	2,59	1,775	4,60				
30	110,0	26,8	2,56	1,775	4,55				
29	106,0	26,8	2,53	1,775	4,49				
28	102,0	26,8	2,50	1,775	4,44				
27	98,0	26,8	2,47	1,775	4,38				
26	94,0	26,8	2,44	1,775	4,33	29,5	29,5	0,870	0,910
25	90,5	26,8	2,41	1,775	4,27	30,3	30,3	0,872	0,908
24	86,5	26,8	2,38	1,775	4,22	31,2	31,2	0,878	0,916
23	82,5	26,8	2,35	1,775	4,17	32,3	32,3	0,864	0,917
22	78,5	26,9	2,32	1,775	4,12	33,3	33,3	0,863	0,907
21	74,5	26,9	2,28	1,775	4,05	34,7	34,5	0,845	0,935
20	71,0	26,9	2,25	1,775	3,99	36,2	35,6	0,836	0,944
19	67,0	26,9	2,22	1,775	3,94	37,9	37,0	0,824	0,956
18	63,0	26,9	2,19	1,775	3,88	39,6	38,2	0,822	0,958
17	59,0	26,9	2,16	1,775	3,83	41,6	39,4	0,810	0,970
16	55,0	26,9	2,13	1,775	3,78	43,7	40,2	0,813	0,967
15	51,5	27,1	2,10	1,775	3,73	46,2	41,0	0,789	0,991
14	47,5	27,4	2,07	1,775	3,67	48,7	41,7	0,768	1,012
13	43,5	28,1	2,04	1,775	3,62	52,0	42,0	0,738	1,042
12	39,5	28,4	2,01	1,775	3,56	56,0	33,0	0,662	1,118
11	35,5	22,2	1,98	1,775	3,51	40,3	42,4	0,617	1,163
10	32,0	13,5	1,95	1,775	3,46				
9	28,0	15,0	1,88	1,775	3,34				
8	24,0	12,0	1,76	1,775	3,12				
7	20,0		1,60	1,775	2,84				
6	16,0		1,32	1,775	2,34				
5	14,5		1,11	1,775	1,97				
4									

Zusammenstellung der Meßwerte nach dem Versuch

Profilpunkt Nr.	Wassertiefe h	Wellendaten					max. Oszillations-Geschwindigkeiten 5 cm üb. Strandsohle		Dauer der Oszillations-Komponenten in einer Schwingung	
		Wellenhöhe H		Wellengeschwindigkeit c	Schwingungsdauer T	Wellenlänge $L = c \cdot T$	positive Oszillations-Geschwindigkeit u_p max	negative Oszillations-Geschwindigkeit u_n max	Dauer der positiven Oszillations-Komponente t_p	Dauer der negativen Oszillations-Komponente t_n
	cm	cm		m/s	s	m	cm/s	cm/s	s	s
1	2	3	4	5	6	7	8	9	10	11
31	114,0	29,70	29,90	2,72	1,77	4,81				
30	110,0	29,10	29,70	2,49	1,73	4,31				
29	105,5	31,00	28,20	2,53	1,76	4,45				
28	102,5	29,30	30,00	2,70	1,74	4,69				
27	98,5	27,80	28,70	2,30	1,76	4,04				
26	96,0	29,70	25,90	2,43	1,78	4,32				
25	90,5	26,40	26,00	2,36	1,77	4,17	31,4	32,3	0,86	0,89
24,5	83,0						31,3	31,5	0,86	0,92
24	87,5	29,30	26,60	2,49	1,77	4,40	34,0	35,2	0,89	0,90
23,5	85,0						34,4	35,0	0,88	0,90
23	81,5	28,20	28,30	2,43	1,76	4,27	33,0	34,8	0,83	0,94
22,5	81,0						34,8	34,2	0,83	0,92
22	80,5	23,10	26,60	2,42	1,77	4,28	34,8	34,8	0,90	0,87
21,5	76,5						35,5	34,1	0,88	0,91
21	73,0	29,60	28,60	2,46	1,76	4,33	37,8	35,0	0,85	0,95
20,5	73,0						38,8	35,0	0,84	0,96
20	73,0	28,50	25,50	2,25	1,77	3,98	36,6	36,8	0,86	0,95
19,5	69,5						39,5	41,5	0,88	0,91
19	64,0	27,10	28,40	2,20	1,78	3,92	39,0	42,0	0,83	0,97
18,5	63,5						42,9	39,0	0,78	1,02
18	64,0	28,60	24,70	2,23	1,77	3,95	40,8	39,8	0,80	0,99
17,5	63,0						43,5	44,1	0,84	0,96
17	56,0	28,70	28,60	2,20	1,77	3,89	43,5	46,9	0,83	0,98
16,5	47,5						47,4	47,9	0,76	1,07
16	44,0	29,90	23,00	1,99	1,78	3,54	47,4	42,4	0,69	1,10
15,5	46,0						48,2	33,0	0,74	1,05
15	50,5	24,80	19,50	2,16	1,77	3,82	46,5	30,0	0,85	0,96
14	50,0	16,30	16,40	2,16	1,79	3,87	41,5	28,5	0,88	0,92
13	46,5	18,00	16,00	1,99	1,80	3,58	36,6	23,9	0,87	0,95
12	41,5	14,70	11,80	1,79	1,80	3,22	42,0	24,7	0,81	1,00
11	37,0	15,90	18,50	2,16	1,81	3,91	42,9	24,2	0,97	0,88
10	33,0	15,60	11,40	1,65	1,77	3,92	42,9	17,7	0,92	0,89
9	28,0	14,50	11,50	1,93	1,81	3,49	39,8	20,7	0,89	0,90
8	24,0	15,20	11,80	1,81	1,77	3,20	49,1	22,1	0,78	0,99
7	19,0	8,90	9,20	1,61	1,79	2,88	28,8	35,4	0,77	1,04
6	15,0	7,10	11,20	1,61	1,78	2,86	51,6	14,3	—	—
5	11,5	5,30	5,90	0,88	1,77	1,56	27,5	21,7	0,82	0,98

Dauerversuch 3

Anlage 28

Zusammenstellung der Meßwerte vor dem Versuch

Profilpunkt Nr.	Wassertiefe h	Wellendaten				max. Oszillations-Geschwindigkeiten 5 cm üb. Strandsohle		Dauer der Oszillations-Komponenten in einer Schwingung	
		Wellenhöhe H	Wellengeschwindigkeit c	Schwingungsdauer T	Wellenlänge $L = c \cdot T$	positive Oszillations-Geschwindigkeit v_p max	negative Oszillations-Geschwindigkeit v_n max	Dauer der positiven Oszillations-Komponente t_p	Dauer der negativen Oszillations-Komponente t_n
	cm	cm	m/s	s	m	cm/s	cm/s	s	s
1	2	3	4	5	6	7	8	9	10
31	113,5	16,0	2,52	1,70	4,28				
30	110,0	16,0	2,51	1,70	4,26				
29	106,0	15,9	2,50	1,70	4,25				
28	102,0	15,8	2,49	1,70	4,23				
27	98,0	15,7	2,48	1,70	4,21	18,6	18,6	0,844	0,856
26	94,0	15,4	2,46	1,70	4,18	19,2	19,2	0,828	0,872
25	90,5	15,4	2,45	1,70	4,16	19,7	19,7	0,840	0,860
24	86,5	15,4	2,43	1,70	4,13	20,3	20,3	0,837	0,863
23	82,5	15,4	2,41	1,70	4,10	20,8	20,8	0,835	0,865
22	78,5	15,3	2,38	1,70	4,05	21,3	21,3	0,830	0,870
21	74,5	15,3	2,36	1,70	4,01	22,0	22,0	0,852	0,848
20	71,0	15,3	2,33	1,70	3,96	22,8	22,8	0,839	0,861
19	67,0	15,2	2,29	1,70	3,90	24,0	24,0	0,840	0,860
18	63,0	15,2	2,25	1,70	3,83	25,6	25,1	0,838	0,862
17	59,0	15,2	2,20	1,70	3,74	27,4	26,2	0,828	0,872
16	55,0	15,1	—	1,70	—	28,8	27,2	0,834	0,866
15	51,5	15,1	2,08	1,70	3,54	30,3	28,2	0,819	0,881
14	47,5	15,2	2,02	1,70	3,44	31,8	29,2	0,786	0,914
13	43,5	15,3	1,95	1,70	3,32	33,7	30,1	0,745	0,955
12	39,5	15,4	1,87	1,70	3,18	35,8	31,1	0,745	0,955
11	35,5	15,7	1,80	1,70	3,06	38,5	32,1	0,735	0,965
10	32,0	16,3	1,72	1,70	2,93	41,2	32,8	0,642	1,058
9	28,0	17,7	1,63	1,70	2,77	44,3	33,6	0,613	1,087
8	24,0	19,2	1,54	1,70	2.62	48,0	25,5	0,540	1,160
7	20,0	11,2	1,44	1.70	2,45	30,3	35,0	0,515	1,185
6	16,0	5,8	1,34	1,70	2,28				
5	14,5	5,7	1,23	1,70	2,09				
4									

Zusammenstellung der Meßwerte nach dem Versuch

Profilpunkt Nr.	Wassertiefe h	Wellendaten					max. Oszillations-Geschwindigkeiten 5 cm üb. Strandsohle		Dauer der Oszillations-Komponenten in einer Schwingung	
		Wellenhöhe H		Wellengeschwindigkeit c	Schwingungsdauer T	Wellenlänge $L = c \cdot T$	positive Oszillations-Geschwindigkeit v_p max	negative Oszillations-Geschwindigkeit v_n max	Dauer der positiven Oszillations-Komponente t_p	Dauer der negativen Oszillations-Komponente t_n
	cm	cm		m/s	s	m	cm/s	cm/s	s	s
1	2	3		4	5	6	7	8	9	10
31	113,0	17,50	17,00	2,32	1,63	3,78				
30	109,0	17,30	15,95	2,47	1,63	4,03				
29	105,0	16,95	17,30	2,42	1,63	3,94				
28	101,5	16,72	18,31	2,43	1,62	3,94				
27	98,0	17,10	17,60	2,27	1,63	3,70				
26	94,5	16,82	16,85	2,30	1,63	3,75				
25	90,5	17,00	17,98	2,38	1,64	3,90				
24	86,5	16,00	17,95	2,26	1,64	3,67				
23	82,5	16,26	17,40	2,22	1,64	3,64				
22	79,0	16,32	17,60	2,22	1,63	3,62				
21	75,5	15,58	17,35	2,22	1,63	3,62				
20	71,0	16,02	18,16	2,23	1,65	3,68				
19	66,5	15,92	16,64	2,09	1,64	3,43				
18	62,5	16,15	16,42	2,16	1,64	3,54				
17	59,0	15,42	16,18	2,03	1,64	3,33				
16	55,5	15,74	16,85	1,97	1,65	3,25	27,0	25,5	0,82	0,88
15	51,0	16,41	17,65	1,97	1,63	3,20	28,0	28,0	0,83	0,87
14	46,0	15,91	17,50	1,94	1,66	3,22	30,8	28,1	0,81	0,89
13	40,5	15,87	17,65	1,83	1,64	3,00	34,3	32,2	0,76	0,92
12,5	36,0						37,9	33,8	0,74	0,93
12	36,0	17,59	18,85	1,70	1,65	2,81	37,5	32,8	0,73	0,96
11,5	37,5						37,0	32,2	0,76	0,93
11	35,5	16,74	15,64	1,76	1,63	2,87	34,9	34,0	0,77	0,90
10,5	28,5						40,1	38,7	0,73	0,95
10	21,5	18,38	18,93	1,60	1,63	2,61	48,1	43,5	0,61	1,07
9,5	24,5						46,4	34,7	0,48	1,16
9	28,0	11,20	12,85	1,88	1,67	3,13	27,3	24,2	0,51	1,20
8,5	26,5						22,7	23,5	0,47	1,21
8	24,5	11,92	15,34	1,64	1,64	2,69	23,3	16,4	0,54	1,19
7,5	27,0						25,6	21,1	0,64	1,07
7	27,5	10,70	10,08	1,65	1,65	2,72	23,6	28,5	0,93	0,76
6,5	25,5						24,9	24,3	0,80	0,92
6	18,5	10,39	13,74	1,58	1,65	2,60	31,8	26,2	0,90	0,79
5,5	11,0						30,8	27,4	0,80	0,93
5	11,5	7,26	5,64	1,24	1,65	2,04				
4,5	11,0	5,50	5,09	1,03	1,64	1,70				

Dauerversuch 4

Zusammenstellung der Meßwerte vor dem Versuch

Profilpunkt Nr.	Wassertiefe h	Wellendaten: Wellenhöhe H	Wellendaten: Wellengeschwindigkeit c	Wellendaten: Schwingungsdauer T	Wellendaten: Wellenlänge $L = c \cdot T$	max. Oszillations-Geschwindigkeiten 5 cm über Strandsohle: positive Oszillations-Geschwindigkeit u_p max	max. Oszillations-Geschwindigkeiten 5 cm über Strandsohle: negative Oszillations-Geschwindigkeit u_n max	Dauer der Oszillations-Komponenten in einer Schwingung: Dauer der positiven Oszillations-Komponente t_p	Dauer der Oszillations-Komponenten in einer Schwingung: Dauer der negativen Oszillations-Komponente t_p
	cm	cm	m/s	s	m	cm/s	cm/s	s	s
1	2	3	4	5	6	7	8	9	10
31	113,5	11,6	2,280	1,42	3,230				
30	110,0	11,6	2,270	1,42	3,215				
29	106,0	11,5	2,260	1,42	3,200				
28	102,0	11,3	2,250	1,42	3,184				
27	98,0	11,1	2,240	1,42	3,170	10,3	10,3	0,705	0,715
26	94,0	11,05	2,230	1,42	3,155	10,8	10,8	0,695	0,725
25	90,5	11,0	2,220	1,42	3,140	11,3	11,3	0,699	0,721
24	86,5	11,0	2,210	1,42	3,130	12,3	12,3	0,690	0,730
23	82,5	10,95	2,200	1,42	3,115	13,2	13,2	0,712	0,708
22	78,5	10,95	2,180	1,42	3,090	14,2	14,2	0,690	0,730
21	74,5	10,9	2,160	1,42	3,060	15,0	15,0	0,694	0,724
20	71,0	10,9	2,140	1,42	3,030	15,5	15,5	0,705	0,715
19	67,0	10,9	2,110	1,42	2,990	16,0	16,0	0,684	0,736
18	63,0	10,9	2,070	1,42	2,930	16,7	16,7	0,711	0,709
17	59,0	10,85	2,025	1,42	2,870	17,3	17,3	0,688	0,732
16	55,0	10,85	1,980	1,42	2,800	18,0	18,0	0,711	0,709
15	51,5	10,8	1,935	1,42	2,740	18,9	18,9	0,696	0,724
14	47,5	10,8	1,885	1,42	2,670	20,0	20,0	0,695	0,725
13	43,5	10,9	1,830	1,42	2,590	21,3	21,3	0,698	0,722
12	39,5	11,0	1,770	1,42	2,510	22,6	22,6	0,692	0,728
11	35,5	11,05	1,700	1,42	2,410	24,4	24,4	0,683	0,737
10	32,0	11,10	1,625	1,42	2,300	25,7	25,2	0,668	0,752
9	28,0	11,2	1,550	1,42	2,190	28,4	26,6	0,653	0,767
8	24,0	11,5	1,470	1,42	2,080	31,6	26,8	0,613	0,807
7	20,0	12,0	1,380	1,42	1,950	35,2	26,7	0,550	0,870
6	16,0	12,5	1,280	1,42	1,810	39,2	24,5	0,489	0,931
5	14,5		1,180	1,42	1,670				
4									

Zusammenstellung der Meßwerte nach dem Versuch

Profilpunkt Nr.	Wassertiefe h	Wellendaten: Wellenhöhe H	Wellendaten: Wellenhöhe H	Wellendaten: Wellengeschwindigkeit c	Wellendaten: Schwingungsdauer T	Wellendaten: Wellenlänge $L = c \cdot T$	max. Oszillations-Geschwindigkeiten 5 cm über Strandsohle: positive Oszillations-Geschwindigkeit u_p max	max. Oszillations-Geschwindigkeiten 5 cm über Strandsohle: negative Oszillations-Geschwindigkeit u_n max	Dauer der Oszillations-Komponenten in einer Schwingung: Dauer der positiven Oszillations-Komponente t_p	Dauer der Oszillations-Komponenten in einer Schwingung: Dauer der negativen Oszillations-Komponente t_n
	cm	cm		m/s	s	m	cm/s	cm/s	s	s
1	2	3		4	5	6	7	8	9	10
30	110,0	11,10	11,85	2,08	1,39	2,89				
29	106,0	11,15	10,15	2,08	1,39	2,89				
28	102,5	12,30	11,20	2,10	1,40	2,94				
27	98,5	11,15	11,15	2,00	1,39	2,78				
26	95,0	11,65	10,10	2,04	1,41	2,88				
25	91,0	12,05	10,75	2,09	1,41	2,94				
24	87,5	10,75	11,00	2,06	1,40	2,88				
23	83,0	10,15	10.90	2,10	1,40	2,94				
22	78,5	10,80	10,00	2,02	1,39	2,81				
21	75,0	10,55	10,45	2,04	1,40	2,88				
20	71,0	11,40	9,45	1,98	1,39	2,75				
19	66,0	10,40	10,35	2,03	1,39	2,82				
18	61,5	11,25	9,90	1,97	1,40	2,76				
17	57,5	10,55	9,70	1,90	1,39	2,64				
16	53,5	10,80	10,15	1,83	1,40	2,56	21,3	21,3	0,705	0,720
15	49,5	10,00	9,75	1,76	1,40	2,46	22,5	22,5	0,695	0,705
14	45,5	9,05	10,80	1,80	1,40	2,52	23,2	22,9	0,695	0,725
13	41,5	9,95	10,20	1,75	1,41	2,43	22,5	23,7	0,700	0,720
12	37,5	9,20	9,40	1,69	1,40	2,36	23,9	24,5	0,675	0,748
11	33,0	9,40	9,60	1,61	1,40	2,26	24,4	23,9	0,665	0,750
10	26,5	9,85	10,60	1,61	1,41	2,27	27,2	26,4	0,650	0,775
9,5	22,5						(23,1)	25,5	0,580	0,840
9	23,0	10,10	11,15	1,44	1,38	1,99	32,5	28,4	0,560	0,855
8,5	27,0						29,0	26,9	0,630	0,800
8	24,0	8,30	10,05	1,44	1,39	2,00	28,0	25,8	0,675	0,760
7,5	16,0						38,7	28,5	0,565	0,850
7	16,0	10,75	7,40	1,35	1,39	1,88	37,9	22,0	0,520	0,885
6,5	18,0						22,8	14,1	0,550	0,865
6	16,0	8,95	7,90	1,53	1,39	2,12	16,4	—	0,505	0,960
5,5	15,0						17,4	—	0,515	0,920
5	14,0	5,55	6,65	1,20	1,38	1,65	20,0	24,9	—	—
4,5	10,5						31,4	32,3	0,535	0,875

Anlage 30

Dauerversuch 5

Zusammenstellung der Meßwerte vor dem Versuch

Profilpunkt Nr.	Wassertiefe h	Wellendaten					max. Oszillations-Geschwindigkeiten 5 cm über Strandsohle		Dauer der Oszillations-Komponenten in einer Schwingung	
		Wellenhöhe H		Wellengeschwindigkeit c	Schwingungsdauer T	Wellenlänge $L = c \cdot T$	positive Oszillations-Geschwindigkeit v_p max	negative Oszillations-Geschwindigkeit v_n max	Dauer der positiven Oszillations-Komponente t_p	Dauer der negativen Oszillations-Komponente t_n
	cm	cm		m/s	s	m	cm/s	cm/s	s	s
1	2	3		4	5	6	7	8	9	10
30	110,5	11,70	12,00	1,87	1,27	2,37				
29	106,5	11,80	11,00	1,94	1,27	2,46				
28	103,0	10,80	11,40	2,03	1,27	2,57				
27	99,0	11,40	11,90	1,94	1,27	2,46				
26	95,0	10,30	9,70	2,13	1,29	2,75				
25	91,0	9,90	10,10	1,96	1,25	2,50				
24	86,5	10,90	9,50	1,94	1,29	2,50				
23	83,0	9,00	9,90	1,92	1,30	2,50				
22	79,0	9,60	10,10	1,98	1,29	2,55				
21	75,0	10,20	9,10	1,91	1,28	2,54				
20	71,0	9,30	10,80	1,89	1,27	2,40				
19	66,0	10,80	10,00	1,91	1,30	2,48				
18	62,0	9,50	9,20	1,70	1,27	2,16				
17	58,0	9,60	9,40	1,92	1,29	2,47				
16	54,0	10,10	9,80	1,79	1,30	2,32	17,8	17,8	0,650	0,650
15	50,0	9,00	9,40	1,79	1,32	2,36	17,8	17,8	0,650	0,670
14	45,0	9,60	9,70	1,74	1,31	2,28	18,4	19,0	0,645	0,665
13	41,5	9,00	9,50	1,68	1,31	2,20	19,1	19,1	0,640	0,670
12	37,5	9,00	9,10	1,67	1,29	2,15	19,8	21,2	0,640	0,650
11	33,0	8,60	8,60	1,53	1,30	1,98	21,6	23,4	0,640	0,660
10	29,0	8,10	9,10	1,50	1,29	1,93	22,6	23,5	0,630	0,660
9,5	26,0						22,4	27,0	0,615	0,665
9	22,0	8,60	8,30	1,48	1,29	1,91	25,8	26,8	0,610	0,680
8,5	20,0						29,5	27,8	0,550	0,750
8	23,0	9,20	8,20	1,33	1,29	1,72	28,3	26,1	0,550	0,740
7,5	19,0						29,7	28,0	0,560	0,740
7	18,5	7,50	9,60	1,21	1,31	1,58	31,4	25,1	0,515	0,795
6,5	23,0						24,4	26,5	0,570	0,720
6	16,5	8,20	7,00	1,28	1,30	1,66	25,8	24,8	0,610	0,690
5,5	11,0						25,0	33,9	0,330	0,970
5	12,5	4,20	7,30	1,18	1,29	1,52	23,0	21,8	0,410	0,880
4,5	11,0						25,7	24,3	0,455	0,875

Zusammenstellung der Meßwerte nach dem Versuch

Profilpunkt Nr.	Wassertiefe h	Wellendaten				max. Oszillations-Geschwindigkeiten 5 cm über Strandsohle		Dauer der Oszillations-Komponenten in einer Schwingung	
		Wellenhöhe H	Wellengeschwindigkeit c	Schwingungsdauer T	Wellenlänge $L = c \cdot T$	positive Oszillations-Geschwindigkeit v_p max	negative Oszillations-Geschwindigkeit v_n max	Dauer der positiven Oszillations-Komponente t_n	Dauer der negativen Oszillations-Komponente t_n
	cm	cm	m/s	s	m	cm/s	cm/s	s	s
1	2	3	4	5	6	7	8	9	10
31	113,5	11,10	2,090	1,273	2,66				
30	110,0	11,10	2,080	1,273	2,65				
29	106,0	11,05	2,070	1,273	2,64				
28	102,0	11,00	2,060	1,273	2,62				
27	98,0	10,90	2,050	1,273	2,61				
26	94,0	10,80	2,040	1,273	2,60				
25	90,5	10,70	2,025	1,273	2,58				
24	86,5	10,65	2,010	1,273	2,56				
23	82,5	10,60	1,995	1,273	2,54	10,5	10,5	0,612	0,662
22	78,5	10,55	1,980	1,273	2,52	12,0	12,0	0,616	0,657
21	74,5	10,50	1,965	1,273	2,50	13,5	13,5	0,614	0,659
20	71,0	10,45	1,950	1,273	2,48	14,7	14,7	0,617	0,656
19	67,0	10,40	1,925	1,273	2,45	15,5	15,5	0,632	0,641
18	63,0	10,35	1,900	1,273	2,42	16,0	16,0	0,626	0,647
17	59,0	10,30	1,870	1,273	2,38	16,7	16,7	0,639	0,634
16	55,0	10,30	1,835	1,273	2,34	17,3	17,3	0,640	0,633
15	51,5	10,30	1,795	1,273	2,29	18,2	18,2	0,635	0,638
14	47,5	10,30	1,755	1,273	2,24	19,2	19,2	0,621	0,652
13	43,5	10,40	1,715	1,273	2,19	20,5	20,5	0,618	0,655
12	39,5	10,40	1,670	1,273	2,13	21,8	21,8	0,627	0,646
11	35,5	10,50	1,620	1,273	2,06	24,0	24,0	0,620	0,653
10	32,0	10,50	1,560	1,273	1,99	26,0	26,0	0,621	0,652
9	28,0	10,60	1,500	1,273	1,91	28,0	27,5	0,568	0,705
8	24,0	11,00	1,430	1,273	1,82	31,0	29,4	0,550	0,723
7	20,0	11,40	1,350	1,273	1,72	34,5	30,3	0,467	0,806
6	16,0	11,80	1,260	1,273	1,60	39,5	29,5	0,455	0,820
5	14,5		1,170	1,273	1,49				
4									

Kolibri 360 GmbH
Ferdinand-Jühlke-Straße 7
99095 Erfurt, Deutschland
produktsicherheit@kolibri360.de